飛機縮尺插畫圖鑑

噴射式引擎篇

下田信夫／著

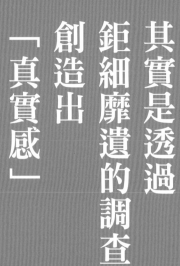

其實是透過
鉅細靡遺的調查
創造出
「真實感」

▶下田先生一直以來都是在沒有網路的環境中工作，更遑論使用手機，因此插畫的題材或受託的工作內容等全都詳細記在筆記本上。

▶為了《SCALE AVIATION》的連載而寫得密密麻麻的筆記。筆記本上的標題只寫著「備忘錄」，若在書籍或雜誌上看到刊有似乎可作為參考資料的飛機照片，便會將書名、頁數、規格等有條不紊地抄寫下來。

◀這一頁是在《SCALE AVIATION》連載時，為了繪製F-4 幽靈式II所寫下的製作筆記。相關的細節自不待言，還含括一些該機的小插曲，可從中瞭解下田先生繪圖時是從何事汲取靈感，同時明白正是有如此謹慎細心的調查，才能不斷創造出具有說服力的插畫。

Contents 【目錄】

＊並列在每張插畫下的刊載月號全是《隔月刊SCALE AVIATION》（大日本繪畫／刊）中所刊載的年月。

下田信夫

●1949年出生，東京都出身。為航空新聞工作者協會的理事、模型社團松戶迷才會之成員。自1970年代開始於航空專門雜誌等處發表飛機插畫，還曾負責繪製模型資訊雜誌《レプリカ（replica）》（專攻比例模型，TAC edition）的封面。另外也有投稿圖鑑與單行本等，經手設計過航空自衛隊救難團的徽章，負責繪製模型盒繪等。其插畫在美化變形的同時仍經過計算，溫暖的氛圍也圈粉無數，男女老少不拘。飛機自不待言，題材還含括戰車與鐵道，守備範圍十分多樣化。非常中意於《SCALE AVIATION》雜誌連載中所使用的「荻窪航空博物館館長」這個頭銜（實際上並沒有這間博物館）。喜歡的日本酒是菊姬（石川縣）。於2018年5月22日辭世。享年69歲。直至臨終前仍以插畫家之姿執筆繪畫。

F-86 軍刀式 VS MiG-15 (1950)

North American F-86 SABRE VS Mykoyan Gurevich MiG-15

1998年12月號（Vol.5）刊載

韓戰於1950年6月25日爆發，聯合國軍於該年的11月11日從仁川登陸作戰開始反擊，展開有望在耶誕節前做個了斷的攻勢。當時阻攔在前的是越過鴨綠江飛來的6架後掠翼噴射戰鬥機。這意味著中國人民志願軍加入了戰局，簡直就像6年前的亞爾丁之役重演。根據死裡逃生返回的T-6德州佬式教練機飛行員的報告，如今面對的神秘噴射戰鬥機應該是在2年前圖申諾表演秀中公開過的MiG-15，可說是蘇聯最新銳的飛機，所以才如此棘手。相較之下聯合國軍所有戰鬥機一夕之間全成了舊式機體。當時選派的援軍便是美國空軍前年2月才開始配置至部隊的王牌，也就是最新銳機F-86軍刀式。11月17日便緊鑼密鼓地在聖地牙哥海軍基地裝載至空母與油輪，已採取防水耐鹽害措施的軍刀式橫越太平洋，成為送給聯合國軍的一份聖誕大禮。

與MiG-15的首次交戰是在12月17日，從這天開啟的「軍刀式 VS MiG-15」對戰由軍刀式獲得壓倒性勝利，並於1953年7月22日畫下句點。這兩架機體都是根據終戰後自德國取得的後掠翼研究資料所創造出的後掠翼噴射戰鬥機，此事廣為人知。性能上是MiG稍微占上風，不過軍刀式勝出的原因在於飛行員的本事，不但補足了性能上的差距還能遊刃有餘。

炎夏問候嫌太晚而送上聖誕禮物又過早的1953年9月21日，美軍收到一份無與倫比的大禮——一架覬覦已久的MiG-15bis流亡到了金浦。美國空軍飛行員以該機進行了試飛，對MiG的高性能震驚至極……。試飛是在嘉手納進行。雖說是發生在還未回歸日本本土的沖繩，MiG確實曾飛行於日本上空。

沃特 F-8E 十字軍式(1955)

Vought F-8E Crusader

2003年5月號（Vol.31）刊載

　　沃特F-8十字軍式的故事始於1952年美國海軍向各家公司提出的超音速艦上戰鬥機需求規格。此事發生於韓戰戰局正酣之際。十字軍式的開發進展順利，其原型XF8U-1的1號機於1955年3月25日才首次飛行就突破了音速，能力之高可見一斑，不過世上第一款超音速艦上戰鬥機的寶座卻被競爭對手F9F-9捷足先登。F9F-9是名門格魯曼公司的艦上戰鬥機，後來改名為F11F-1虎式，於該年1月以1.12馬赫刷新了紀錄。

　　十字軍式的首飛比競爭對手F11F-1晚了8個月，在突破音速方面也落後3個月。不過最早裝備量產型F8U-1的部隊於1957年3月25日編組而成，只比虎式的部隊編組晚17天。而決定勝負的則是生產機數。相對於F11F-1系列的201架，F-8系列多達1261架，相差懸殊。

　　十字軍式最大的特徵在於可變傾角機翼裝置——可於艦上起降時利用液壓缸讓後掠42度的薄翼型主翼（安裝於為追求超音速性能而設計的肩翼式上）上仰7度。據說該公司的前作F7U彎刀式壽命不長，主要原因之一就在於著艦時機首角度會上升20度，因此設計時才對艦上起降性能格外講究。

　　此外，十字軍式在越戰中的活躍表現使之成為號稱「最後槍手」的名機。美國海軍戰鬥飛行隊所擊落的北越MiG戰鬥機數中，作為主力的F-4幽靈式才10架，十字軍式卻高達18架。然而槍手並非無憂無慮。雖然裝備了關鍵的4門20mmMk.I機關炮，卻經常在高G機動中故障，還有飛行員在外翼仍折疊的狀態下就試圖起飛，這樣的狀況含越戰期間在內就高達7例。　　　　　■

道格拉斯 A-4F 天鷹式(1954)

Douglas A-4F Skyhawk

2001年3月號（Vol.18）刊載

　　天鷹式是一款輕量小型的高速艦上攻擊機，可在無戰鬥機護航下憑借著戰術核子攻擊或一般武器進行密接支援或攔截攻擊。自重為3.8噸，比F-86F的4.9噸還小。因為是全寬為8.4m的小型機，所以沒有主翼折疊機構也能在空母上運用。1955年10月26日，A-4A（舊稱A4D-1）的3號機於500km路線中以1119km/h刷新了世界速度紀錄，證實其優異的高速性能。

　　自從1號機於1954年6月首飛以來，直到專為美國海兵隊打造的M型最終號機於1979年2月移交為止，長達25年間含括各種機型在內一共生產多達2960架。這25年期間就好比三菱一〇式艦上戰鬥機於1921年以日本海軍最早國產戰鬥機之姿獲得採用後就一直持續生產到太平洋戰爭結束為止。

　　天鷹式的狩獵場是在越南戰場。憑藉著優異的運動性能在支援地面部隊與對地攻擊上大顯身手。A-4C於1967年3月1日對北越的軍用機場發動攻擊，飛行員全神戒備地以銳利目光搜尋著地對空飛彈與攔截機時，發現了緊急起飛前來迎擊的MiG-17。A-4C先是出現在機速還不足的敵機前方，接著翻個筋斗再次尾隨其後，旋即以翼下的對地攻擊用祖尼火箭彈齊發，成功擊落敵機。越戰中唯一一名擊落MiG的A-4飛行員就是這樣誕生的。

　　天鷹式的這種輕快性能受到賞識，裝配響尾蛇飛彈後便裝載於對潛空母上作為防空之用，還成了別稱為捍衛戰士（Top Gun）的「侵略者中隊」與美國海軍藍天使特技飛行隊的使用機。另外也交付不少架給以色列等海外的同盟國，其中交付給科威特的A-4KU在波斯灣戰爭中從伊拉克軍手中逃脫後，便以沙烏地阿拉伯作為暫時的營地，組成自由科威特軍來參戰。　■

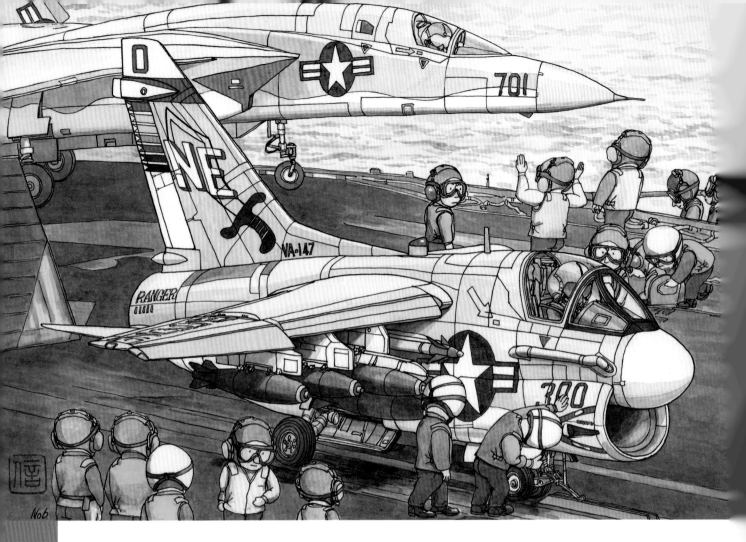

LTV A-7A 海盜式 II (1965)

LTV A-7A Corsair II

2011年1月號（Vol.77）刊載

　　LTV A-7A海盜式 II 是以錢斯·沃特F8U十字軍式艦上戰鬥機縮短型的型式開發出來的，用以取代道格拉斯A-4天鷹式艦上輕型攻擊機的下一代後繼機。1963年5月29日美國國防省提出下一代輕型攻擊機的需求規格書時，名門錢斯·沃特公司已經於1961年被VTA（Ling-Temco-Electronics）公司併購，成為LTV（Ling-Temco-Vought）公司裡的沃特航空學部門。這款設計改款機繼承了十字軍式的基本構造並經過大幅度的設計變更，承襲錢斯·沃特公司的傳統名稱「海盜」，於1964年底命名為海盜式 II。沃特公司的總製作機數中，海盜式系列就占了3/4，而擔任壓軸的就是最後一款公司自製設計機：A-7海盜式 II。

　　其首次飛行是在1965年9月25日，而最早配置的實戰飛行隊VA-147淘金者中隊則是在唐納德·羅斯中校（A-7A最早的訓練部隊VA-174的飛行隊長）的指揮下於1967年1月3日編制而成。至於隊名淘金者的由來，有一說是取自用來表示淘金潮時期的採礦者「Argonaut」的複數形，不過從其垂直尾翼上的標誌採用了偃月刀而非十字鎬這點來看，應該是指在希臘神話中登場、為尋找金羊毛而乘著阿爾戈號大船啟航的探險隊阿爾戈英雄們（Argonautēs）才對吧？

　　現代版阿爾戈英雄在第一場戰役中所乘的並非阿爾戈號大船，而是配置至美國海軍的攻擊型空母遊騎兵號，在羅斯中校的指揮下，於1967年12月4日以5英吋祖尼火箭彈攻擊位於北越南部的Bính Bridge與道路。這款海盜式 II 的最後一次飛行是在1991年1月爆發的波斯灣戰爭。A-6E在這塊人人愛用偃月刀（繪於其尾翼上的標誌）的阿拉伯土地上發射了SLAM（遠程陸上攻擊型飛彈）進行導控並壓制敵方的防空網，此作戰行動成為其最後一場戰役。　■

北美航空 RA-5C 民團式（1958）

North American RA-5C Vigilante

2005年3月號（Vol.42）刊載

從機種代號即可得知，RA-5C民團式是從A-5A民團式重型攻擊機發展而來的戰術偵察機。A-5A（舊稱A3J-1）的開發始於1956年8月，原型機於1958年8月31日升空。這款重型攻擊機的任務是以航空母艦為基地，入侵敵區並發動核子攻擊。

民團式所追求的是利用足以突破當時蘇聯防空系統的高空與高速侵略能力，攜帶著主動電子干擾裝置（ECM），以2馬赫的高速於4萬5000英呎高空進行核子攻擊。核彈收納於夾在左右兩具引擎中間的機身內，還容納了兩個名為can tank的去程用圓筒型油箱緊接其後。於超音速領域中採取的投彈方式相當獨特：先彈飛尾部整流罩，再讓核彈連同兩個油箱一起往後方射出。

民團式從1962年開始配置至艦隊，然而搭載北極星飛彈（SLBM，潛射彈道飛彈）的潛水艦也在同一時期快速化為戰力，美國海軍的核子報復戰略便從重型攻擊機轉換為SLBM。民團式賭上最後一線生機而進行一番改修，也因此取得低空侵略能力的資格，然而一般武器的搭載能力依然低落而缺乏實用性。

針對A3J-1進行大幅翻修與改造並裝設偵察機器打造而成的RA-5C於1963年登場，拯救了如風中殘燭的民團式。這次轉換跑道非常成功。1964年1月開始進行實戰配置，於該年8月裝載至攻擊型空母遊騎兵號，終於發展成第7艦隊。該月5日發生北部灣事件，RA-5C民團式於後來的越南戰爭中全程作為戰略偵察與戰術偵察之用大展身手。在北越戰略據點上空，以非武裝、在低空強行偵察的RA-5C中，有部分機體實驗性地塗上迷彩塗裝。其中1架機體是由厚木的日本飛機株式會社負責塗裝，以深綠、橄欖綠與茶色3色塗刷而成。　■

共和 F-105D 雷長式(1955)

Republic F-105D Thunderchief

2009年7月號（Vol.68）刊載

　　創造出F-105雷長式的共和公司不知何故從第二次大戰當時的P-47雷霆式開始，相繼發展出以雷作為戰鬥機名稱的噴射戰鬥機F-84家族系列：雷電噴氣式、雷擊式、雷閃式與噴氣火箭複合動力試製迎擊機雷電攔截式。以雷命名的由來與關係尚無定論，不過孕育出這一系列飛機的生母，也就是設計師，都是亞歷山大・卡特維利。此外，卡特維利還在舍維爾斯基公司任職時所設計的機體為舍維爾斯基P-35，後來發展成P-47雷霆式，為美國陸軍最早的單翼密閉座席收放式起落架戰鬥機。

　　F-105雷長式最初是以超音速戰術核子攻擊專用機的名義展開研發，但由於國防省的方針有所轉變，故而強化以一般炸彈進行的戰術攻擊任務，成為可搭載370kg炸彈、合計16枚的戰鬥轟炸機。近期戰鬥機有重視匿蹤性的趨勢，不過開發雷長式當時則是著重在利於超音速飛行的面積法

則。以最早量產型YF-105B為原型的雷長式採用了面積法則，中間變細的機身與M字形進氣口融為一體，形成如科幻人物般的平面形狀。然而，主翼下方機身的中央部位裝設了搭載核彈的4.5m彈倉，結果體型變得十分巨大，據說因其側面形狀而被取了「超級豬」與「鉛雪橇」的綽號。從1954年到1963年期間合計生產了833架各種機型的雷長式，成為主力的是生產501架的D型；美國政府在正式介入越戰之前的1964年8月看中了此機的打擊力，便從嘉手納與橫田派機至南越的峴港市與泰國的呵叻府。

　　這款共和F-105D雷長式首次登上大舞臺是在越戰中執行北爆作戰，也就是從1965年3月2日開啟的滾雷行動。■

洛克希德 F-117A 夜鷹式(1981)

Lockheed F-117A Nighthawk

1998年4月號（Vol.1）刊載

　　眾所周知，洛克希德F-117A夜鷹式是史上第一款實用匿蹤戰鬥機。1988年11月第一次公開F-117A的照片時，那身姿真是令人震撼至極。宛如以山摺線與谷摺線所摺成的紙工藝品，僅以平面與直線構成3次元的機體。

　　當時對匿蹤機的認知是讓雷達電磁波均勻地往多個方向反射以達模糊之效，提高偵測的難度，因此一般認為機體必須只靠曲面與曲線構成。1986年伊達雷利公司發售了一款名為『F-19 STEALTH』的扁平狀塑膠模型，和匿蹤機的形象完全吻合，在美國大熱賣，成為暢銷商品。不僅如此，也因有洩漏機密之疑而在美國議會上引發爭議，吵得不可開交，這麼一來好像讓匿蹤機扁平說得到官方認證。按理說應該是這麼回事……。

　　F-117A的匿蹤設計概念是讓構成機體的各個平面往行進方向傾斜，藉此避免雷達電磁波往前方回波，使之輕擦機身而過。由於世人原本都想像成圓滑型的機體，所以迎接它時才會如此震驚。

　　在波斯灣戰爭中一共出擊1271次都未中彈的實績證明了這種方式的有效性。F-117A最終號機（總計59架）於1990年4月交付空軍後即結束生產，不過據說實際上生產了60架F-117A。這1架的計算之差是因為實用生產型1號機在起飛中傾覆而嚴重損毀之故。該機是在交付空軍之前失事，因而未算入生產機數中，這才造成數目上有所出入……。含5架企劃開發機（FSD／全尺寸發展階段）與2架擁藍（Have Blue）機在內，洛克希德公司所產的匿蹤機總生產機數共為66架。　　　　　　■

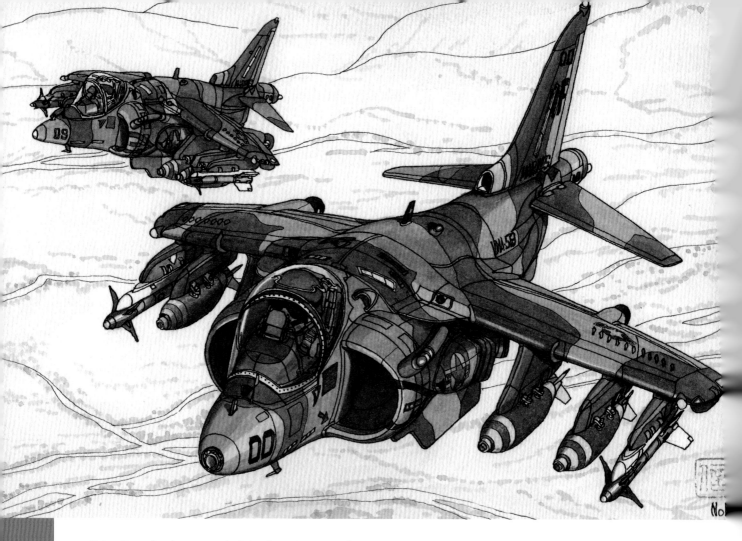

麥克唐納-道格拉斯／BAe AV-8B 獵鷹式II (1978)

McDonnell Douglas/British Aerospace AV-8B HarrierII

2006年7月號（Vol.50）刊載

　　歐美在50年代至60年代期間嘗試了無數固定翼VTOL（垂直起降）機開發計畫。只可惜結果都慘不忍睹，大部分的計畫案後來都被歸為稀有機類別，根本是徒勞無功。

　　其中唯一成功的案例就是於1960年首飛、霍克西德利公司的傾轉旋翼型VTOL攻擊機P.1127，亦即後來的獵鷹式。美國海兵隊於1969年決定以AV-8A之名採用獵鷹式作為登陸支援用攻擊機。無論是採用外國製軍用機，還是海兵隊採用海軍未使用的機體，這兩種情況都很罕見。AV-8A獵鷹式可以像直升機般從兩棲突擊艦或是已占領的橋頭堡的應急機場上起飛，並以亞音速進攻，作為地面部隊的航空支援，對海兵隊而言此機可謂世上獨一無二的理想攻擊機。

　　然而，以運用者的立場來說此機仍稱不上完美，因而經常提出更多武裝淨載重量與增加續航距離的要求。提高最大離陸重量的計畫案應運而生。經過評估後，這份利用引擎達到水力效率化的提案於1975年以AV-8B獵鷹式II計畫之名正式啟動，並於1978年11月9日成功首飛。不但優化了天馬引擎的能力，新設計的複合材料主翼剖面也採用了超臨界機翼。不僅如此，為了提高起飛時引擎推力的效率，還於機體下方由機槍組、其前方板擋與後方主起落架艙門所構成的空間中下了一些功夫作為緩衝區，可承接從地面反彈回來的引擎噴氣。憑藉這些務實的改良創意，AV-8B獵鷹式II的引擎最大推力比AV-8A增加了2.3%，最大VTO離陸重量從7.940kg提升至8.595kg，增加了8.2%。脫胎換骨後的AV-8B獵鷹式II於1990年8月的波斯灣戰爭首次出擊。　　■

費爾柴爾德-共和 A-10 雷霆式 II (1974)

Fairchild Republic A-10 Thunderbolt II

2006年9月號（Vol.51）刊載

　　美國空軍根據越戰的實戰教訓，於1967年提出新式密接支援專用攻擊機A-X計畫，就此展開A-10的研發。各家公司紛紛提出A-X設計案，在競標審查中脫穎而出的是諾斯洛普案與費爾柴爾德案。基於「fly-before-buy（購買前先進行試飛）」的新方針，美國空軍於1970年12月18日分別以YA-9A、YA-10A之名各下訂2架試製機。

　　YA-10A的1號原型機於1972年5月首飛。1973年1月進行了嚴苛的比較飛行審查，YA-10A在最後評選中戰勝競爭對手YA-9A，接到空軍發出的10架前期量產型（增造試製機）訂單，取得採用內定。後來與A-7D的比較審查也是由YA-10A勝出，1974年7月9日接到最初的52架生產型訂單，名正言順獲得正式採用。

　　費爾柴爾德A-10A雷霆式 II 滿足了A-X的需求規格並獲得正式採用，從暱稱即可得知此機繼承了在第二次大戰美國戰鬥機中以最多產量著稱的共和P-47雷霆式的系統。這是因為共和公司於1965年9月被費爾柴爾德公司併購的緣故。

　　第二代雷霆式的任務是密接支援，即攻擊敵方前線部隊來協助己方地面軍隊的戰鬥，因此視強大的武裝為命根子。彈藥數1350發、發射速度有每分鐘4200發的高速發射與每分鐘2100發的低速發射可分兩段式調整、固定武裝為30mm GAU-8/A復仇者式機炮，這些都是雷霆式 II 的賣點。GAU-8的穿甲燒夷彈penetrator（穿甲彈）帶有自燃性，使用重質量的鈾238，也就是所謂的貧化鈾彈。化為落雷降落在伊拉克戰場上的貧化鈾彈不僅傷害了敵方，對前線的己方地面部隊也造成輻射能問題，這玩意兒搞不好是來幫倒忙的。　　　　　　■

費爾柴爾德-共和 A-10 雷霆式 II (1974)

Fairchild Republic A-10 Thunderbolt II

2015年5月號（Vol.103）刊載

費爾柴爾德A-10雷霆式 II 是記取越戰實戰教訓的攻擊機。美國空軍於1967年啟動密接支援專用攻擊機A-X的開發計畫，用以迎擊華沙公約組織軍的機甲部隊。A-X的需求規格要求的是高度可靠性：以強大的30mm格林機炮作為固定裝備並搭載大量武器、較長的滯空時間以便偵察與攻擊、發現目標後能緊追不放並加以攻擊的優異運動性，還進一步要求能在戰場附近的小型機場起降且整備作業簡易，以便於執行密接支援。此外，為了降低採購價格而未追求高速性能與全天候能力。

A-X計畫最後成了諾斯洛普公司的YA-9A與費爾柴爾德公司的YA-10A之間的試製競爭，1973年1月A-X選定了YA-10A。正式名稱也取為雷霆式 II，不過從機種即可得知此機裝有強大的30mm GAU-8/A復仇者式格林機炮，軍隊內部一般都因其外型而暱稱為「Warthog（疣豬）」。在鈦合金製裝甲守護下的飛行員以目視找出目標後不須莽撞冒進，而是從對空火器的射程外進行攻擊即可，這種戰法實屬可貴。

蘇聯解體後，華沙公約組織軍的威脅也隨之消失。就在大家認為雷霆式 II 已無用武之地時，波斯灣戰爭卻在1991年1月開戰。疣豬在這場戰爭中發揮其頑強的能耐。身處沙漠環境中也毫不屈撓，在密接支援與前線航空管制上發揮三頭六臂的本領，立下赫赫戰功，讓世人再次體認到其非凡的能力。在沙塵飛舞的沙漠地帶疲於奔波，因此主翼外皮的損傷嚴重，為此所採取的措施即名為疣豬升級（hog up）的延長運用壽命計畫。透過這項措施更換了A-10疣豬的主翼，力圖延長其壽命；可惜在2015年的國防預算案中，為了刪減預算而決定全面廢除A-10。　■

Fairchild Republic A-10 Thunderbolt II

◀A-10B（N/AW型）是一款共和公司自行以開發測試用的前生產型1號機——原本為10架，因A-7加入角逐A-X計畫而減為6架——改造而成的雙座全天候作戰性能優化型戰機。增設的後座是武器系統操作（WSO）機員的座位，不過未裝設A-10引以為傲的鈦製裝甲板。於1979年5月4日首飛，但未能獲得採用。

▶通用電器30mmGAU-8/A復仇者式格林機炮是專為A-X計畫而重新研製出的武裝，與飛歌公司展開試製競爭，從1973年1月開始進行比較射擊測試，結果6月14日由GAU-8/A勝出。系統全長6.06m，最大高1.01m，重量為890kg；7個炮身高，彈藥搭載量為1350發，發射速度可在每分鐘2100發與4200發之間切換，連射一次為2秒135發。擁有的威力足以從1200m外的距離打穿戰車上方裝甲，據說發射時的反作用力高達8.6噸。

◀與YA-10A爭奪A-X寶座的諾斯洛普YA-9A上所裝配的引擎是ALF502，最大輸出功率比YA-10A採用的TF34還低30％。此引擎是以CH-47契努克直升機的T55渦輪軸引擎為基礎打造而成的渦輪風扇引擎。比較測試的結果判定，駕駛性能以A-9為佳，但整體性能則是A-10較為優異。YA-9A雖未能爭取到A-X計畫，但其1號試製機後來成為加利福尼亞州愛德華空軍基地的門衛機。

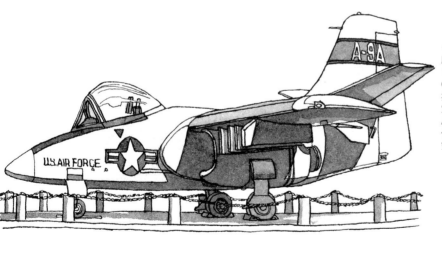

▶1965年決定採用沃特A-7海盜式II作為美國空軍第一款噴射攻擊機。專為空軍打造的戰術攻擊型A-7D於1968年4月首飛，並於1970年9月服役。A-7製造商所在地德克薩斯州的民選議員曾針對已選定YA-10A的A-X計畫提出異議，因而必須重新較量，故於1974年4月15日~5月9日舉行了比較測試。沃特公司（當時為LTV）提出了延長A-7機身並裝配30mmGAU-8格林機炮的A-7DER設計案，但結果不變。

格魯曼 F-14A 雄貓式(1970)

Grumman F-14A Tomcat

2012年3月號（Vol.84）刊載

美國海軍於1981年8月12日對各國船舶發出警告，8月18、19日將由第6艦隊於南地中海實施2天空對空與空對艦飛彈的實彈發射演習，14日又發表將於演習海域上空設置飛行限制空域。問題在於其演習海域的南半區與1973年利比亞政府單方面發表的領海宣言中的錫德拉灣有所重疊。這場演習的意圖在於先下手為強讓反抗美國的格達費猝不及防，所以利比亞政府自然無法坐視不理，於演習開始的18日便火速從利比亞本土派出72架戰機進入演習海域監視第6艦隊並試圖入侵。

演習第2天的8月19日早晨，搭載於空母尼米茲號上的VF-41中有2架F-14雄貓式正在執行例行的巡邏任務，一發現出現在利比亞本土基地上空的2個光點便立刻轉向飛往利比亞飛機。經確認這2個機影就是前一天也曾飛來的Su-22裝配匠式。

對方非但沒有乖乖掉頭離開，裝配匠式1號機還朝雄貓式1號機發射AS-2環礁飛彈。對裝配匠式而言，這架躲開環礁飛彈的1號機是相當不好惹的對手。VF-41在該年春天接受了由奧西安納基地的侵略者飛行隊所負責的ACM（空戰操作）訓練，是經過千錘百煉的飛行隊，再加上這次碰上的對手是飛行隊長亨利‧克利曼中校所率領的菁英部隊。克利曼中校的座機閃避環礁飛彈後，裝配匠式2號機正巧落入其前方範圍，於是中校緊跟其後並以AIM-9響尾蛇飛彈將之擊落。僚機勞倫斯‧穆欽斯基上尉也以響尾蛇飛彈擊落裝配匠式1號機。此為雄貓式的首次戰果，也是可變翼飛機首次並肩作戰的空戰。國防省連同飛行員與RIO（雷達攔截官）的大頭照一同公開發表此次戰績，但顧慮到格達費領導者曾明言會對他國元首派出「索命使者」，後來便避免公開發表個人的資訊。　　　　　■

格魯曼 F-14D 雄貓式(1970)

Grumman F-14D Tomcat

2008年5月號（Vol.61）刊載

　　F-14雄貓式（Tomcat）的原型機於1970年12月21日首飛。研製此機的契機始於美國空海軍共用的統一機種GD／格魯曼F-111的海軍型F-111B開發失敗。承擔此結果的美國海軍迫切需要緊急開發F-4幽靈式II艦上戰鬥機的後繼機，重新向各家製造商發出要求可兼任艦隊防空與制空戰鬥的VFX計畫提案，並於1969年1月15日採用繼承格魯曼公司的F-111B引擎與武器系統的組合方案。格魯曼公司接到製作12架原型機的訂單，同時在1971年年度預算中取得量產機的訂單，總共內定生產463架，從著手計畫開始不到2年的時間，F-14便成功升空了。VFX主要要求的任務是能夠執行制空戰鬥、艦隊防空與密接支援，為此採用並付諸實用化的便是VG翼（可變後掠翼）——可配合飛行速度自動變化並設定最適合的機翼後掠角度以維持最大剩餘推力。

　　F-14雄貓式於1972年10月開始移交給機種轉換訓練飛行隊，最早的實戰飛行隊配置則始於1973年7月，隸屬於VF-1與VF-2。VF-1是以美國海軍第一支戰鬥飛行隊之姿誕生的部隊，取了一個「狼群（wolfpack）」的新綽號。此外，F-14隸屬的最後一支飛行隊則是自1935年創設部隊以來一直繼承雄貓這個綽號與菲力貓標誌的VF-31，其雄貓式於2006年9月22日在維吉尼亞州奧西安納海軍航空站舉辦的最終飛行典禮中功成身退。參加典禮的103號機雖然是換掉F-14A引擎的D型，但垂直尾翼上描繪的不是菲力貓，而是吉祥物雄貓。順帶一提，在奧西安納海軍航空士官俱樂部附近化身為門衛機的雄貓式是D型的最終號機。　　■

格魯曼 F-14A 雄貓式(1970)

Grumman F-14A Tomcat

2013年5月號（Vol.91）刊載

　　F-14雄貓式擁有神通廣大的AWG-9／鳳凰AAM（空對空飛彈）系統，可護衛空母機動部隊免於來自空中的威脅，為第三代守護神。第一代守護神是於50年代計畫的道格拉斯F6D飛彈手計畫——於大型亞音速戰鬥機上搭載無數長射程AAM，在艦隊上空進行巡邏性飛行，於長距離外即時發現並擊墜敵機。然而，作為有搭載機數限制的空母艦載機，第一代守護神F6D被歸為「不經濟實惠」的那一類，在面世前的1960年底計畫慘遭放棄。取而代之的第二代守護神計畫則是可變翼的通用動力F-111B計畫。其神力為休斯飛機公司新開發的AWG-9／鳳凰AAM系統，但是因為引擎與進氣口的技術性問題、機體重量增加，再加上休斯飛機公司在系統開發上的延遲，結果到了1968年4月僅產出7架開發原型機，該計畫在守護神短暫露臉後便畫下句點。

　　當F-111B的實用化令人堪憂的1967年10月，格魯曼公司——自創業以來始終如一，持續開發並生產海軍戰鬥機，還協助世上第一款可變翼戰鬥機XF-10F美洲虎式的試製及F-111B的開發——提出了名為VFX計畫，即裝配AWG-9／鳳凰AAM系統的新戰鬥機開發計畫。這是第三次嘗試並且確實有了成果，F-14雄貓式終於誕生。

　　雄貓式直到1981年8月19日才終於達成「擊落敵機」這項作為空母機動部隊守護神的根本任務。當時有2架利比亞空軍的Su-22裝配匕式飛來，試圖妨礙錫德拉灣上的演習，雄貓式驅機前往並以AAM迎擊，2架利比亞空軍機雙雙墜落。這是守護神雄貓式唯一一次顯神威，不過AAM並沒有祭出鳳凰飛彈這個最後殺手鐧，而是用響尾蛇飛彈應付。　■

Grumman F-14A Tomcat

◀格魯曼XF10F美洲虎式是世上第一款可變翼戰鬥機。開發之初為簡潔俐落的三角翼飛機,但是經過海軍多次的嚴苛要求而導致重量增加,為了能夠在空母上運用,於1949年7月7日變身為可變翼飛機。此機接到70架生產訂單,儼然是備受矚目的新星,可惜運作異常的J-40WE-8引擎成了致命原因之一,致使計畫於1953年6月12日告終。頂著世上第一款可變翼戰鬥機榮光的1、2號試製機並沒有在博物館中展出,而是供作屏障測試用後便從世上消失無蹤。首飛是在1952年5月19日。

▶當時的國防部長麥納瑪拉是銀行家出身,重視經濟性並推動合理化方針,透過空軍與海軍的戰鬥機共通化計畫催生出空軍F-111戰鬥轟炸機的海軍版本,也就是通用動力F-111B戰鬥機。於1965年5月首飛,預計量產500架,但因為重量超標等因素,最後僅留下7架原型機,其餘全遭取消。

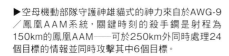

◀除了美國海軍外,唯一採用F-14雄貓式的就是革命前的伊朗空軍。下訂80架陸上型,移交了77架,標誌改為雙尾波斯貓,不過這在國際自然保護聯盟瀕危物種紅色名錄中已被列為絕種動物。

▶空母機動部隊守護神雄貓式的神力來自於AWG-9／鳳凰AAM系統,關鍵時刻的殺手鐧是射程為150km的鳳凰AAM──可於250km外同時處理24個目標的情報並同時攻擊其中6個目標。

格魯曼 F-14A 雄貓式(1970)

Grumman F-14A Tomcat

2015年7月號（Vol.104）刊載

格魯曼公司是艦上戰鬥機的老字號製造商，其貓系列中的最後一款機種是於1970年1月21日首飛成功的F-14A雄貓式——開發始於1969年1月15日，即越戰持續延燒的東西冷戰時代。雄貓式承繼了F-111與蘇聯Tu-22M逆火式上所搭載的可變翼，而且最多可搭載6枚長射程空對空飛彈「AIM-54A鳳凰飛彈」，是可以同時攻擊多個目標的艦隊防空戰鬥機。

雄貓式家族有分成最初的量產型A型，以及引擎升級版、原稱為A Plus的B型。另有一款更換了引擎並更新了舊式電子器材的D型。在這段期間，連鳳凰飛彈都從塗裝成白色的AIM-54A進化為塗成灰色的AIM-54C-Plus。據說F-14D上所裝配的鳳凰飛彈就是這款AIM-54C-Plus。

F-14A雄貓式最早的實戰配置是於1973年7月加入VF-1狼群部隊，以菲力貓為吉祥物；飛行隊綽號為雄貓人

的VF-31則是在1980年至1981年期間接收F-14A雄貓式。此外，VF-31於1992年中期同時接收了VF-11紅色開膛手式與F-14D，成為F-14D最早的實戰部隊。

A-6F入侵者式攻擊機退役後造成空母航空團的攻擊力低落，為了補足其戰力而改修了F-14的A/B/D型，賦予F-14雄貓式對地攻擊的能力。經過這些改造的機體俗稱為「炸彈貓」。雖然和原本預期的用途不同，但這些飛機也有參加伊拉克與阿富汗的戰爭。因此雄貓式的最後一役是在2006年2月7日由VF-31的F-14D炸彈貓式執行的投擲炸彈任務。■

◀F-14雄貓式從1995年9月5日轟炸波士尼亞與赫塞哥維納開始，便以可用導引炸彈精準攻擊的戰鬥轟炸機「炸彈貓」之姿投入地面攻擊。炸彈貓最後一次投彈是由隸屬於VF-31「雄貓人」的F-14D執行。比爾‧法蘭克上尉駕駛「菲力貓」機運至伊拉克巴拉德附近的炸彈是500磅（268.8kg）的GBU-38/B。

▶VB-2B於1930年變更隊名為VF-6B（第6戰鬥飛行隊），1936年配備了格魯曼F3F-1戰鬥機。F3F雖然沒有「貓」科的暱稱，卻是格魯曼艦上戰鬥機首次於駕駛座側面繪製從VB-2B承繼下來的吉祥物「菲力貓」之象徵標誌。

◀VF-6B於1938年變更隊名為VF-3。隔年配置至該隊的戰鬥機即為美國海軍最早的制式單翼艦上戰鬥機布魯斯特F2A水牛式。太平洋戰爭開戰後，VF-3便配備了格魯曼「貓」系列艦上戰鬥機的第一棒──F4F野貓式。VF-3的野貓式在中途島海戰中立下擊落50.5架日本飛機的戰功。

▶VF-31（第31戰鬥飛行隊）「雄貓人」的吉祥物是「菲力貓」。明明是戰鬥飛行隊，不知為何手裡卻搬運著點燃的炸彈。這是因為VF-31原本是轟炸飛行隊VB-2B。VB-2B於1928年以波音F2B-1艦上戰鬥機組隊，作為隸屬於空母CV-3薩拉托加號的飛行隊開始運作。波音F2B-1裝配了2挺機槍，可搭載5枚25磅的炸彈（11.34kg）。

麥克唐納-道格拉斯 F/A-18 大黃蜂式（1978）

McDonnell Douglas F/A-18 Hornet

2014年5月號（Vol.97）刊載

F/A-18大黃蜂／超級大黃蜂及其衍生型EA-18G咆哮者式是現役的美國海軍空母艦載機，負責戰鬥、攻擊與電子戰。

大黃蜂的誕生是源自於美國空軍的輕量級戰鬥機（LWF）計畫，以及基於「高低配」構想（High-Low Mix）所擬的空戰戰鬥機（ACF）計畫，也就是以輕量級戰鬥機發展成實用戰鬥機來輔助價格不斐的F-15。諾斯洛普公司是以P530型眼鏡蛇式的縮小版YF-17來參加ACF的比較飛行審查，可惜敗給了通用動力公司的YF-16。正在配置F-14雄貓式的美國海軍也面臨同樣的狀況，海軍的高低配構想，即海軍空戰戰鬥機（NACF）計畫成了YF-17 VS YF-16的第2回合競賽。諾斯洛普公司與海軍飛機經驗豐富的麥克唐納-道格拉斯公司（MDC）合作提出的方案MDC267型（諾斯洛普P630）獲得採用，就此將眼鏡蛇式轉換為F/A-18大黃蜂式（胡蜂科）。真是可喜可賀……。遺憾的是諾斯洛普公司未能成為主簽約公司，其負責的原定衍生型，也就是陸上型F/A-18眼鏡蛇式II最終仍落得一場空。

大黃蜂式為了滿足海軍的規格而變得比YF-17還要大型，最終尺寸和P530相差無幾。F/A-18大黃蜂式的全尺寸發展型機體是根據「將F-4戰鬥機與A-7攻擊機結合為一即可作為替代機」的概念創造出來的戰鬥攻擊機。1976年1月22日接到11架訂單，其1號機於1978年11月18日首飛。這款被冠上據說在蜂類中最為兇猛的胡蜂科之名的機體仍持續進化，其改良強化型F/A-18E/F超級大黃蜂式的絕大部分部位都已判若兩物，於1995年首飛；胡蜂的變種EA-18G咆哮者式電子戰機則於2006年8月15日首飛。此外，隨著製造商自身的異動，大黃蜂機種的生產地點自1997年8月起轉移至併購MDC的波音公司。 ∎

McDonnell Douglas F/A-18 Hornet

◀諾斯洛普公司憑著F-5A自由鬥士式獲得成功,從1966年開始研究下一代戰鬥機並於1971年公開P530型的全尺寸模型——從主翼翼根處延長的前緣延伸(LEX)令人聯想到眼鏡蛇的鐮刀型脖子,故命名為「眼鏡蛇」。

▶諾斯洛普YF-17是奠基於P600型(以P530型眼鏡蛇式重新設計而成的小型機)打造而成,為技術研究用機,因此武裝僅有20mm的M61機關炮與紅外線導引的響尾蛇飛彈AAM,也只用測距專用的雷達。YF-17的1號機與2號機分別於1974年6月9日與同年的8月21日升空。YF-17機首上的插畫是眼鏡蛇。

◀麥克唐納-道格拉斯F/A-18大黃蜂式的空氣動力外型與YF-17十分相似,不過任務改為全天候戰鬥/攻擊,因此機關炮改成火神式機炮,飛彈則常備2枚AIM-7麻雀飛彈並攜掛10枚Mk82炸彈來執行攻擊任務。大黃蜂式的契約是由擁有豐富海軍飛機實績的麥克唐納-道格拉斯公司主導,而在戰後的海軍飛機上完全沒任何實績的諾斯洛普公司則甘於作為協作廠。當初將戰鬥機命名為F-18A,攻擊型則為A-18A,若要統稱兩家公司的飛機時則稱為F/A-18。

▶波音EA-18G咆哮者式是從雙座F/A-18F超級黃蜂式衍生而來,為格魯曼EA-6B徘徊者式的後繼機。咆哮者式只能留一個電戰官的座位,因此從徘徊者式的3名裁減成1名,即構成足以執行任務的系統。咆哮者(Growler)這個俗稱是將其前任徘徊者(Prowler)名字前面的P改成EA-18G的「G」字而來,是個有點像老頭式笑話般的產物。

F-16 雷鳥中隊(1953~)

F-16 Thunderbirds
2005年7月號（Vol.44）刊載

　　雷鳥中隊是1953年5月25日於亞利桑那州路克空軍基地創設的美國空軍第一支飛行表演隊。使用的第一代飛機是F-84G雷電噴氣式。雷鳥這個中隊的暱稱是源自於美國原住民傳說中的鳥類。這種鳥被稱為雷鳥，自古相傳其巨大羽翼會引起雷鳴，振翅便會閃電大作。暱稱取得真是太貼切了。不僅如此，雷鳥中隊無塗裝銀底色機身上的紅白藍塗裝不光是美國的國旗色，也是美國原住民族描繪傳說之鳥雷鳥時所用的三種顏色。

　　第二代飛機由雷擊式擔綱，第三代則是使用F-100超級軍刀式。機身下方的雷鳥圖騰最早是於1958年繪於這款F-100上。從1959年10月至12月期間，雷鳥中隊展開了遠東之旅。然而F-100C因未裝設探針加油管而無法橫渡太平洋。因此當時選中了部署於福岡縣板付基地的18TFW的F-100D，急忙塗刷使之搖身一變化為雷鳥中隊。因此當時的飛行展示是由日本第一款噴射機帶來的正式特技飛行。

　　將雷鳥中隊所使用的飛機全面漆成白色並塗上紅藍隊色，這種配色始於第六代飛機F-4幽靈式。成為第八代飛機的F-16也承繼了該配色。這款F-16雷鳥中隊在遠東之旅中時隔10年於2004年來訪日本。偏偏飛行展示日都天候不佳，未能帶來完整的演出。對於擁有召喚雷電之神力的傳說之鳥而言，積雨雲這點程度應該沒什麼大不了才對……

■

貝爾 UH-1D 伊洛魁式(1956)

Bell UH-1D Iroquois

2010年7月號（Vol.74）刊載

　　歐洲與太平洋戰線於第二次世界大戰末期用來聯絡或觀測的直升機雖然已經實用化，卻還無法飛得太遠。之後在1950年6月揭幕的韓戰中，其搭載量與續航力都提升到足以在實戰中活動的程度，於是開始服役執行偵察、觀測、營救與運輸等任務。爾後在越戰中又於各種戰局中登場，儼然形成「直升機大戰」。在這些直升機當中，又以美國陸軍第一款裝設渦輪機的通用直升機貝爾UH-1最具代表性。

　　其原型為XH-40，生產型則將正式名稱改為HU-1D伊洛魁式。伊洛魁式是依循美國陸軍直升機的命名法則，從美國原住民的族名中選用的。據說伊洛魁族長期住在紐約州，即現今所說的印地安人。HU-1的名稱於1962年改為UH-1，不過以服役當時的名稱HU-1之諧音所取的名字「休伊」比伊洛魁這個名稱更廣為人知，以此機衍生出來

的攻擊直升機AH-1的名稱便成了休伊眼鏡蛇。UH-1含括了初期型的A型、加大座艙的B型、與AH-1一脈相傳的C型、延長B型機身而可容納1支步兵分隊12人一同行動的D型，以及其加強型H型。

　　UH-1一族在越南戰爭中對上神出鬼沒的北越正規軍／南越解放戰線的遊擊部隊時，以迅雷不及掩耳之速飛至敵區進行突襲，於短時間內殲滅敵軍後旋即收回士兵並快速撤退，展開宛如打地鼠般的空中挺進作戰。全盛時期投入的機數攀升至2000架以上。以直升機運送來取代傘兵空降的這種空降作戰據說是法軍於1956～1962年的阿爾及利亞戰爭初期創建成型的。順帶一提，陸上自衛隊也有採用HU-1B，暱稱為「棕耳鴨」，不過這個名稱的知名度遠遠不及伊洛魁。　■

米高揚-古列維奇 MiG-15 柴捆式(1947)

Mikoyan-Gurevich MiG-15 Fagot

2016年1月號（Vol.107）刊載

　　MiG-15在韓戰中與B-29、野馬式與軍刀式上演激烈戰鬥，是蘇聯空軍最具代表性的王牌。於1946年3月發出的新戰鬥機需求規格中，視攔截西側戰略轟炸機為第一要務，最大速度須達0.9馬赫。這是一款備有大口徑機關炮、可急速爬升至1萬公尺高、於高度1萬1000公尺處也具備良好戰鬥運動性，還能從草地起飛執行作戰且進行1小時對空巡邏的後掠翼戰鬥機。

　　當時蘇聯最大輸出功率的噴射引擎只有來自德國的RD21（推力1000kg），因此最初的MiG-15是以RD21雙引擎案來進行。就在那個時候射進了一道希望之光——與雖為戰勝國卻欠下巨額外債的英國於1946年簽訂的英蘇貿易協定。如此一來終於有望取得高輸出功率的噴射引擎，即勞斯萊斯公司的黑雁（推力2250kg）引擎，MiG-15於黑雁送達前便設計變更成單引擎型。然而當黑雁於1947年送達

後卻發現引擎的尺寸不合。為了確保機身內的引擎空間，便設法調整了油箱等，馬不停蹄地於1947年12月30日成功首飛。

　　1950年11月1日午後，有小型後掠翼機越過鴨綠江，以高速往一直在中韓國境鴨綠江岸的新義州機場上空盤旋的美國空軍P-51野馬式直衝而來。該機的真面目並非傳聞中開發出MiG-15的蘇聯空軍，而是隸屬於中國人民志願軍的飛機。MiG-15後來達成了開發目的，以攔截戰鬥機之姿擊潰戰略轟炸機B-29，節節勝利，這款在韓戰中蔚為傳奇的「米格」機自此成為蘇聯戰鬥機的代名詞。格魯曼F9F黑豹式和米格機一樣裝配了授權生產的黑雁引擎。黑豹式於1950年11月7日於新義州擊落MiG-15。此為美國海軍首次擊落噴射機的紀錄。　　■

Mikoyan-Gurevich MiG-15 Fagot

◀「米格（MiG）」是阿爾喬姆·伊萬諾維奇·米高揚（右）與米哈伊爾·約瑟福維奇·古列維奇（左）所帶領的設計局。於1939年設立，第一款作品是於該年參加取代I-15與I-16的新戰鬥機試製競賽的I-200，即後來的MiG-1。據飛機設計師雅科夫列夫之言，阿爾喬姆·米高揚（1905-1970）是土生土長於高加索的亞美尼亞山區，因此兒時沒有機會邂逅飛機，在蘇聯赫赫有名的設計師中實屬罕見。

▶米高揚-古列維奇團隊的首款噴射戰鬥機是於1946年4月24日首飛成功的MiG-9。其原型為I-300（F），裝配了2具第二次世界大戰末期從德國蘇聯占領區帶回蘇聯的戰利品BMW003A（推力800kg）。量產型的引擎則是以BMW003A國產化製成的RD-20。MiG-9約製作了470架，而開發出蘇聯最早正統噴射戰鬥機的米高揚則獲頒「史達林獎」。

◀MiG-15的1號試製機於著陸時墜落損毀，不過經過改良的2號試製機在試飛中所展現出的性能則優於競爭對手雅科夫列夫與拉沃奇金的機體。然而，此機在旋轉中會因翼梢失速無法恢復而進入螺旋（Spin）狀態，有穩定性與駕駛性的問題。不急於戰力化的蘇維埃空軍所採取的方針是「熟能生巧」，也就是將這些缺點視為特性，緊鑼密鼓地開發雙座型教練機MiG-15UTI，讓飛行員透過習慣並熟練來克服。MiG-15UTI是在駕駛座後方增設教練席的縱列式雙座教練機，是世界首款（?）後掠翼噴射教練機。

▶在「鐵幕」另一側開發出來的MiG-15於1950年11月1日衝擊性十足地首次亮相，其後有很長一段期間都無從得知其細節；韓戰於1953年7月27日確定停戰，3個月後的9月21日，有1架MiG-15降落在金浦機場，此即北朝鮮的盧今錫上尉流亡事件。此處為交戰區，因此無須歸還機體，該機立即被裝載於「環球霸王」運輸機上，運送至沖繩的嘉手納基地進行飛行測試。流亡至美國的盧今錫上尉得到10萬美元的支票與自由，美國則取得MiG-15的完整性能資料。

圖波列夫 Tu-16 獾式(1952)

Tupolev Tu-16 "Badger"

2010年3月號（Vol.72）刊載

　　圖波列夫Tu-16獾式在東西冷戰時期曾沿著日本海與太平洋的日本沿岸南下，進行收集電波情報的活動並採取類比攻擊雷達站的飛行模式，航空自衛隊的攔截機每次都得緊急起飛前往，簡直是令日本坐立難安的存在。

　　圖波列夫Tu-16獾式是作為圖波列夫Tu-4（波音B-29的複製機）的後繼機開發而成，原型機Tu-88於1952年3月3日首飛成功，為蘇聯第一款後掠翼噴射轟炸機。另有飛彈搭載型、偵察及電子戰型等加強型。此外，中國取得授權以轟-6之名來生產，有4架於1987年12月出口至伊拉克並投入兩伊戰爭。

　　航空自衛隊F-86F軍刀式於1977年緊急起飛至能登半島海上並拍攝到獾式，其左主翼下的掛架上搭載著新型空對地飛彈KSR-5（北約代號為AS-6 Kingfish／王魚）。這是西方陣營當時還不知情、射程240km、最大速度3200km、彈頭重量900kg的王魚飛彈首次被目擊。1980年6月發生了一起事故：海上自衛隊運輸艦LST4103根室號正在佐渡島北方約110公里處的海上航行，當排水量接近1480噸時，有架於超低空飛來的獾式接觸海面後墜海，根室號收容了3名機員的遺體。

　　獾式最終還是在1987年2月膽大包天地在沖繩本島、奄美群島的德之島與沖永良部島之間侵犯領空。航空自衛隊那霸基地第302飛行隊的F-4EJ緊急起飛趕往，一再發出警告命其退出日本領空，然而對方無動於衷，因而執行了航空自衛隊首次的實彈警告射擊。蘇聯對獾式的此次飛行表示單純只是毫無惡意的意外迷航。簡直是恬不知恥的辯解，然而不久之後蘇聯這個國家便不復存在，成為俄羅斯。　■

米高揚 MiG-25P 狐蝠式(1964)

Mikoyan-Gurevich MiG-25P Foxbat

2011年3月號（Vol.78）刊載

　　美國上院於1976年召開的公聽會中，有證言指出洛克希德公司在銷售三星客機給日本之際曾經行賄，讓這樁疑雲浮上檯面，即洛克希德事件。這場騷動持續延燒的9月6日下午1點50分，別連科中尉突然飛至函館機場向西方陣營尋求庇護，其座機即為蘇聯的最新銳機MiG-25狐蝠式。當時鄙人我是某雜誌主辦的雷諾飛行大賽觀戰團的參加者之一，在羽田機場的出境大廳目不轉睛地看著電視上來自函館的現場轉播。

　　1967年7月9日在莫斯科近郊多莫傑多沃機場舉辦的航空展上，有4架從1965年起接連締造速度與高度紀錄的神秘機體Ye-155（MiG-25的試製機名）高速飛過會場上空，西方便是在當時得知MiG-25的存在。這款切尖三角翼的高翼布局且擁有平面型可變進氣口的機體無疑對西方陣營投下了震撼彈。1970年1月從蘇聯派遣至埃及的MiG-25偵察機

在以色列占領下的西奈半島執行偵察飛行，根據偵測到該行動的西方情報所示，該機發揮出3.2馬赫的高速。

　　此次流亡事件對一直渴求MiG-25情報的西方而言，可說是意外飛來的天大好運。最後決定由自衛隊聯合美國空軍名為「米格專家」的外國軍事航空技術專家共同來進行MiG-25的調查。機體經過分解後，利用美國空軍提供的洛克希德C-5銀河式空運至百里基地。據說當時收到的情報指出，蘇聯將會針對這趟飛行發動攻擊並連同C-5與落入敵方手中的最新銳機一起擊落，因此派出千歲基地與百里基地的F-104J來護送。該事件落幕後，據說自衛隊收到來自美國空軍1200萬日圓整的C-5包機費付款申請單，不過自衛隊以支付600萬日圓了事。　■

蘇霍伊 Su-27 側衛式(1977)

Sukhoi Su-27 Flanker

2016年5月號（Vol.109）刊載

　　俄羅斯的現役戰鬥機是以持續進化的Su-27系列搭配MiG-29系列，即所謂的「高低配」組合。為了對抗當時美國正在開發的高性能戰鬥機群F-14/-15/-16，蘇聯擬定出迎擊與制空戰鬥兩用先進前線戰鬥機（PFI）計畫，並據此於1969年展開大型Su-27側衛式的開發。Su-27的原型機T-10-1側衛式A的機體型態有著與F-14一樣的機艙布局，主翼配置則同F-15與F-16般有邊條翼。於1977年5月20日首次飛行。

　　在試飛中判定該機在控制方面有很大的缺陷，因此打造出經過大幅設計變更的改良型，即新生的T-10S-1（7號試製機），於1981年3月20日升空，成為量產型側衛式B的原型機。側衛式B在1989年的巴黎航空展上表演大仰角飛行，即所謂的「普加喬夫眼鏡蛇機動」，優異的駕駛性能帶給西方諸國強烈的衝擊。

　　此外，於1986年至1990年期間拆除初期量產型首號機上多餘的裝備，打造出P-42來作為紀錄機，也是在這個時期挑戰了載荷高度紀錄，一共締造了41項世界紀錄。一直以來都由F-15保持的6項爬升紀錄中，P-42一舉刷新了5項，可謂大快人心。

　　側衛式B是如此高性能的飛機，其標準的空對空武裝則結合了中距離用且蝴蝶結型翼面十分可愛的R-27飛彈（AA-10楊樹）與短距離用的R-73（AA-11弓箭手），共10枚。側衛式B的出口型則是將部分電子機器降級的Su-27SK。中國取得授權以殲擊（J-11）之名生產此機，並將J-11配置至西沙群島的永興島，此事於2016年2月23日曝光。側衛的英文「Flanker」好像也有「欺騙」的意思，不過據說此機在俄羅斯的暱稱是「Zhuravlik（鶴）」。側衛式B的近代化改版機則稱為Su-27SM。 ■

S kh o i S i - 2 7 F l a n k e r

◀蘇霍伊T-10-1為蘇霍伊Su-27的原型機，是西方於1978年才得知的神秘雙引擎雙翼戰鬥機，當初被稱為Ram-K。1977年首飛的T-10-1（後來歸為側衛式A）的機體型態有別於實用型側衛式B，主翼的平面形狀是帶有平滑弧線的S形前緣型。

▶前主落架是採用往後方彎折收納於機首的方式。主起落架艙門則兼作減速板，垂直尾翼如F-14雄貓式般設置於機艙中央，連接機艙的機體後方為平板狀，而Su-27系列的特徵之一「漸平尾翼」則是仍在發展中的短版型。全寬12.7m、全長18.5m，離陸重量為1萬8000kg，是近似F-15的大型機。

◀原型機T-10有控制方面的問題，在試飛中發生過至少1起飛行員死亡的墜機事故，結果必須大幅重新設計。主翼平面形狀從S形前緣機翼改為如F-15般單純的後掠翼，垂直尾翼則從機艙中央部位移設至安裝於機艙外側的舷外支架外側，前起落架也改為往前折疊的方式，脫胎換骨成為側衛式B。荷重高度紀錄機P-42即為側衛式B初期量產型首號機的改造機。為了減輕重量，機體維持無塗裝狀態，而垂直尾翼翼梢處的天線類、位於機艙間的漸平尾翼、固定武裝30mm機關炮以及絕大部分的內部裝備皆拆除，據說千方百計地減肥後，離陸重量從2萬2000kg降至1萬4120kg。

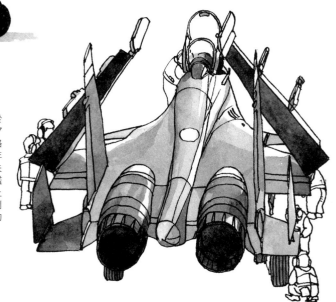

▶蘇霍伊Su-27側衛式B有一款兄弟機，即搭載於空母的Su-33K。其母型是在1984年首飛的Su-27上加裝著艦鉤打造而成的Su-27K。正統海軍規格機Su-33K於1987年8月17日首飛，並從1989年11月1日開始於俄羅斯唯一的現役空母庫茲涅佐夫號（舊稱第比利斯號）上展開運用測試。裝設著艦鉤，主翼為上方折疊式，甚至連水平尾翼都改為上方折疊式所打造而成的量產型Su-33K側衛式D則於1990年首飛。此外，漸平尾翼是側衛式系列的獨有特徵，但考慮到在空母上的運用而加以縮短。

蘇維埃聯邦／俄羅斯聯邦

Union of Soviet Socialist Republics / Russian Federation

31

蘇霍伊 Su-33 側衛式D(1987)

Sukhoi Su-33 Flanker-D

2010年11月號（Vol.76）刊載

　　北約代號為側衛式D的蘇霍伊Su-33是從蘇霍伊Su-27側衛式衍生而來的艦上戰鬥機型。Su-27側衛式的歷史始於1972年蘇聯決定開發的T-10。T-10於1977年首飛成功，1978年在莫斯科近郊拉緬斯科耶的測試飛行中心展示其身姿，獲得北約代號「Ram-K」。然而T-10的性能未達到計畫中的數值，經過大幅重新設計後的7號試製機T-10S於1981年首飛成功，成了Su-27側衛式的原型。其設計乍看之下有著如F-14般的引擎艙配置、如F-15般的主翼以及如F-16般的邊條翼，有許多刻意模仿西方飛機的影子，不過性能方面卻大幅凌駕於西方機體之上，催生出無數進階型。

　　其中蘇霍伊Su-33側衛式D最初稱為Su-27K，為了短距離起飛並提升運動性而於邊條翼上追加前翼，強化了起降裝置，主翼與尾翼都採用折疊機構，作為俄羅斯海軍唯一一艘航空母艦庫茲涅佐夫號的艦上戰鬥機，製造了24架量產型。

　　北約逕自為Su-27命了名，賦予側衛（橄欖球前鋒，負責防守第2列兩側的位置）之名，據說Su-27在俄羅斯的暱稱為Zhuravlik（鶴）。這款蘇霍伊Su-27側衛式的密技即所謂的「普加喬夫眼鏡蛇機動」，是由測試飛行員維克托·普加喬夫於1989年巴黎航空展上震撼登場時所帶來的必殺技。此法是在飛行途中冷不防抬高機首使機體呈縱向，但不會就此失速，而是會恢復至一般的水平飛行。維克托·普加喬夫還於1989年駕駛蘇霍伊Su-33側衛式D的試製機首次成功降落在空母上，據說在那之後的起飛測試結束後又表演了普加喬夫眼鏡蛇機動。　　■

蘇霍伊 Su-34 後衛式(1990)

Sukhoi Su-34 Fullback

2011年11月號（Vol.82）刊載

在蘇霍伊Su-27側衛式系列中，北約代號為「後衛」、長程航空攔阻攻擊用的戰鬥轟炸機蘇霍伊Su-34表現格外突出。此機奠基於為了艦載機Su-33而打造的並排雙座教練機Su-27KUB（Su-33UB），是專為空軍設計、作為蘇霍伊Su-24劍擊手式前線轟炸機的後繼機而開發出的機體；1號試製機於1990年4月13日首飛，是相當老練的飛機。

後衛式在外觀上的特徵都集中於經過大幅設計變更的機首部位。改為並排雙座的駕駛艙外加裝了17mm的鈦裝甲，乘坐於左側的是駕駛員，右側則是武器管制官，左右都設有駕駛裝置，雙方皆可駕駛。此外，由於長程航空攔阻攻擊這個任務的特性，機員勢必得長時間作戰，因此機員可離開座位使用設於後方的廁所，在調理室則可加熱帶進機內的機內食，還可小睡片刻。

將Su-27KUB原本圓形的鼻錐罩設計變更成扁平狀，側衛式比西方更早實用化的電子光學式瞄準裝置（IRST）遭廢除，不過前翼則沿用下來。機首形狀變更導致垂直尾翼的面積增加，起降裝置則將前起落架改為雙輪，主起落架的機輪改為前後並列，因為這種特殊的輪廓而被取了意指鴨嘴獸的暱稱「Platypus」。

這款鴨嘴獸的固定武裝備有30mm機關炮，主翼與機身下方則和Su-33一樣有12個武器掛載點，除了新世代ASM（反艦飛彈）與各種炸彈外，還可搭載自衛用的短射程AAMU等，最多可搭載8000kg。鴨嘴獸有段期間將發射軌逆向設置來進行短射程R-73 弓箭手的發射測試，還真是足智多謀。鴨嘴獸的海上巡邏攻擊型Su-32於1995年的巴黎航空展上才首次對西方公開亮相。　　　　■

Nob.

蘇霍伊 T-50-1 PAK FA (2010)

Sukhoi T-50-1 PAK FA

2014年1月號（Vol.95）刊載

　　蘇霍伊T-50匿蹤機是俄羅斯首款第5代戰鬥機PAK FA（前線航空軍專用未來型複合飛機）的試製機，於2011年8月的莫斯科航空展（MAKS2011）上表演了示範飛行。突如其來的首次亮相衝擊性十足。

　　PAK FA的系統承繼自於蘇聯時期1981年啟用的MiG-29，以及第5代戰鬥機I-90計畫（用來選定Su-27的後繼機）中的MFI（多用途戰鬥機）。米高揚的MiG1.42方案打敗了蘇霍伊的S-32方案並獲選為MFI，不過實在不走運，沒多久蘇聯就於1991年解體了，該計畫遂於1998年取消。米高揚後來以公司資金打造出MiG1.44並於2000年2月29日升空，只是此機最後仍無疾而終。另一方面，蘇霍伊也自掏腰包製作從S-32發展出來的Su-47（S-37），雖於1997年升空，但也在該階段就此打住。美國早在1981年就著手開發名為ATF（先進戰術戰鬥機）的第5代戰鬥機，俄羅斯已經大幅落後了。

　　然而主張「強勢俄羅斯」理念的普丁總統於2001年發表第5代戰鬥機計畫的復活宣言後，情勢有了轉變。米高揚、蘇霍伊與雅科夫列夫再次角逐PAK FA計畫，如前面所述，蘇霍伊的T-50方案獲得採用。自從戰鬥機計畫復活以來歷經10年左右的歲月，終於首度在世界舞臺上亮相。蘇霍伊設計局的後掠翼試製機代號為S（箭形）、三角翼的試製機則為T（三角形），以此作為開頭來命名。此外，據說落選的米高揚與雅科夫列夫也各以15%的比例參與T-50的生產，亦即以蘇霍伊為頂點的三角小組體制來進行。印度也以研發夥伴的身分協作此機，目前專為印度打造的T-50或許可說是一款散發咖哩風味的「三駕馬車（troika）」吧。　■

Sukhoi T-50-1 PAK FA

◀蘇霍伊的第一款噴射戰鬥機是於1946年8月14日首飛的試製機Su-9。此機是模仿德國的梅塞施密特Me262而被視為欠缺獨創性，原本差一步就要進入量產，卻在1946年底遭史達林否決。隨後設計局便關門大吉了。

▶帕維爾·奧西波維奇·蘇霍伊（1885～1975）出身於白俄羅斯共和國的西部。於莫斯科大學與莫斯科高等技術學校求學，後任職於TsAGI（中央流體力學研究所），在安德烈·尼古拉耶維奇·圖波列夫底下嶄露頭角，其自營的設計局於1939年自立門戶。蘇霍伊似乎不受獨裁者史達林青睞，所設計的機體遲遲無法量產，戰後的1949年突然接到來自莫斯科的指令，設計局與試製廠都被迫關閉，直到史達林死後設計局才重新開張。

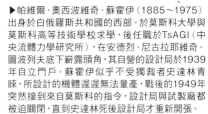

◀蘇霍伊為了「I-90」計畫所提出的MFI案即為S-32，是一款擁有平面型排氣噴嘴的前掠翼雙引擎單座機。神似試製戰鬥機「Berkut：金鷲」。Su的編號一般來說奇數代表戰鬥機，偶數則是指其他款機體，不過好像也有些機體並不適用。

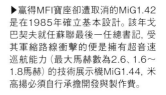

▶贏得MFI寶座卻遭取消的MiG1.42是在1985年確立基本設計。該年戈巴契夫就任蘇聯最後一任總書記，受其軍縮路線衝擊的便是擁有超音速巡航能力（最大馬赫數為2.6、1.6～1.8馬赫）的技術展示機MiG1.44，米高揚必須自行承擔開發與製作費。

米爾 Mi-24V 雌鹿式E(1969)

Mil Mi-24V "Hind-E"

2014年11月號（Vol.100）刊載

　　一般認為米爾Mi-24雌鹿式是於1967年前後開始研發，為蘇聯最早的正統武裝攻擊直升機。開發理念是使用強大火器從空中攻擊掃射敵方的地面部隊，再讓機艙裡共乘的士兵降落於該處，是一款兼具進攻運輸與援護其行動的護衛之能力的直升機。

　　雌鹿式沿用了蘇聯的主力進攻運輸用雙引擎渦輪直升機Mi-8河馬式的動力系統，力求高速化而將主旋翼的直徑縮短了4.25m。為了避免下洗氣流而於機翼加了下反角，這種機身左右翼展為7.4m的短固定翼十分出色，巡航時可產生25%的升力。該短固定翼上左右各有3處武器掛載點，內側2處掛架可搭載52mm火箭彈基座及250kg炸彈與飛彈，翼梢則可搭載4具反戰車飛彈。此外，機首處裝配了4挺12.7mm的格林機槍。最早的量產型雌鹿式A是以平面玻璃構成方形的駕駛艙，機內布局為前座是狙擊手，其後有正

副駕駛員並列而坐，機艙內可容納8名武裝士兵共乘。雌鹿式A必須壓制敵方地面部隊並且採取特技般的飛行以避開對空攻擊，不難想像對機艙內的士兵而言，待機時間想必艱熬到幾乎令人戰意盡失。

　　從1974年升空、不具運送士兵機能的雌鹿式D開始才將駕駛艙改成前座為狙擊手、後座為駕駛員的前後獨立座艙罩配置。在蘇聯發動且歷時多年的蘇聯－阿富汗戰爭中，此機曾與雌鹿式A並肩作戰。然而1986年CIA取得一架飛至巴基斯坦投降的雌鹿式D，並將其弱點與能力透露給阿富汗的反政府陣營，導致蘇聯的飛機陸續遭到敵方地面部隊的刺針可攜式對空飛彈反擊。據說造成莫大損失。　■

Mil Mi-24V "Hind-E"

▶米爾的第1號直升機GM-1於1951年以米爾Mi-1之名直接進入量產，是蘇聯最早的實用直升機。自1955年起，Mi-1改以SM-1之名在波蘭生產。此外，1961年也有少量製作將機艙內部改為厚壁以達防音之效的高級型Mi-1莫斯科人式，作為政府高官的專機。米爾Mi-1的北約代號為野兔（Hare）。

▶米哈伊爾・列昂季耶維奇・米爾（1909～1970）出生於西伯利亞的伊爾庫次克，從1929年起在尼古拉・伊里奇・卡莫夫的指導下，參與設計蘇聯最早的自轉旋翼機KaSKR-1，又於大戰期間作為高階工程師參與TsAGI A-7bis自轉旋翼機的開發，可謂自轉旋翼機的專家。米爾是在戰後的1947年成為直升機設計局的負責人，1948年開始設計2～3人座的聯絡用活塞式單引擎直升機GM-1，該年9月左右即首飛成功。

◀在1979年耶誕節開戰並持續至1988年4月14日的阿富汗戰爭中，反政府的聖戰遊擊隊將阿富汗軍Mi-8河馬式的動力系統拆除，將其骨架（機身部位）擺上貨車，打造出「Mk.1米爾Mi-8巴士」，用來運送人員。

▶提供動力系統給Mi-24雌鹿式的Mi-8河馬式以前曾飛行於日本上空——朝日直升機經由官方程序取得西方陣營的首款蘇聯製直升機，預計用來運輸旅客。河馬旅客運輸型將機艙窗戶從圓形改為方形，連西方同等級渦輪雙引擎直升機（Vertol107）一半都不到的超值價格為其魅力所在。然而，蘇聯與日本（西方諸國）的設計基準各異，雖然為了符合日本基準而進行了大改造，仍舊不符合規定，1980年5月19日取得的適航證明上指示「不得作為旅客運輸之用，僅可運輸貨物」，真的是如意算盤打得太早了。

蘇維埃聯邦／俄羅斯聯邦 Union of Soviet Socialist Republics／Russian Federation

37

安托諾夫 An-124 魯斯蘭式(禿鷹)(1982)

Antonov An-124 Ruslan(CONDOR)

2006年5月號（Vol.49）刊載

在大型飛機中數一數二的飛機以前都稱為巨型機，而其始祖是俄羅斯的飛機。俄羅斯國土自從因革命而改國名為蘇聯以來仍有無數巨型機登場，創造出圖波列夫ANT-20八引擎單翼機「馬克沁‧高爾基」號等罕見機種。

該地於戰後仍打造出Tu-114／Tu-20屬、Tu-160、An-22等無數款巨型機。進入80年代後，有新款巨型機出沒的謠言甚囂塵上，當時北約軍在一張公開照都沒有的情況下便賦予了「禿鷹」的代號。該新款巨型機於1985年飛至巴黎航空展會場，首次在西方陣營露面，制式名稱為安托諾夫An-124魯斯蘭式（魯斯蘭為蘇聯文學與音樂的民族英雄）。除了不是T型尾翼外，機體猶如洛克希德C-5A的變化版。機身和C-5一樣是雙層構造，第一層的主貨物室前後有貨物門，機首艙門是朝上開啟的鱷魚嘴型，構造和C-5十分相似。此外，An-124的前起落架不僅有雙機輪，還為

了運用於未鋪砌的機場而採用雙前起落架，構造相當奇特。魯斯蘭式於1985年7月26日搭載淨重17萬1219kg爬升至1萬750公尺高，締造FAI國際航空紀錄，自此往後多次打破C-5的紀錄，是款霸氣十足的飛機。此外，派遣自衛隊至伊拉克時，也是由包租的An-124負責空運各種資材、重型機與車輛等。

1988年1月30日於基輔對外公開的An-124變化版An-225震驚全世界。這是因為其全寬88.4m、全長84.0m，最大淨載重量為25萬kg，是飛機史上最大的巨型運輸機。再補充一點，此機名為「Mriya（烏克蘭語中為夢想之意）」，不符合俄羅斯製巨型機一貫的命名風格，據說是因為大部分與神話相關的名稱都已經用光了。　　■

▲下田先生持畫筆創作不懈的工作桌。除了格外講究的繪畫用具外，還以喜愛度僅次於飛機的鐵道模型作為擺飾。

孕育出無數作品的
Nob先生的工作室

1 工作桌旁的部分資料。不只有實體飛機的照片集，還會參考塑膠模型的書籍。西洋書也不在少數，書櫃從地面到天花板都塞得密密麻麻。此外，不單局限於飛機相關，也有戰國時代盔甲的書籍等，資料十分多樣。**2** 似乎是將毛筆、鋼筆等常用工具擺於方便取用的位置來作業。**3** 愛用的自動鉛筆與鉛筆。對筆的削法似乎也頗為講究。**4** 飛行員用的安全帽實品。還收藏古董相機與實體飛機的儀錶等。**5** 藏書室裡層層疊疊的飛機塑膠模型。模型製作似乎不是首要，而是作為立體資料來活用。

北美航空 F-86D 軍刀猛犬式(1949)

North American F-86D Sabre Dog

2013年1月號（Vol.89）刊載

　　北美航空F-86D軍刀猛犬式、德哈維蘭吸血鬼式夜戰型（全天候）並排雙座NF.10，以及北美航空T28特洛伊木馬式教練機皆於1949年首飛，為「同時期的飛機」。F-86D是從F-86A發展出的美國空軍首款單座全天候攔截噴射戰鬥機，武裝只有空對空火箭彈，未設機槍。

　　「軍刀猛犬」這個暱稱源自於機首猶如狗鼻子般的大型鼻錐罩，裡頭容納了構成當時最新火器管制裝置「休斯E-4FCS」的APG-37搜索雷達，藉此探查出敵機。找到獵物後，相當於犬腦的APA-84射擊管制電腦會進一步自動追蹤瞄準，接著發射收納於機身下收放式夾艙內的24枚2.75英吋折疊尾翼式航空火箭彈「太空飛鼠」以擊中目標。F-86D的產量為F-86系列之首，共生產了2506架（含2架試製機）；自E-4FCS機密解除不久後的1958年1月起，美軍將其中的122架軍刀猛犬式供應給航空自衛隊。不過實際上這些供應機絕大部分是曾實戰配置至千歲、三澤、板付與橫田這些在日美國空軍基地的中古機。此外，當中也不含F-86F這類授權生產的飛機。

　　這款軍刀猛犬式不僅有火器管制系統，連搭載的附後燃器引擎也已自動化，因此是透過塞滿數百個真空管的電子裝置來控制。航空自衛隊從1958年8月1日起至1961年為止，以這款軍刀猛犬式組成了4支飛行隊。在零件補給變得時常斷貨的處境中全力投入還不習慣的電子裝置整備作業，軍刀猛犬式就這樣一直運用到1968年10月。此外，當時的防衛廳於1965年1月8日發表了陸海空三方自衛隊使用機的暱稱，這款天上的看門狗被取名為軍刀猛犬改式月光。∎

North American F-86D Sabre Dog

◀這款2.75英吋（7cm）的火箭彈收納於機身下收放式夾艙內，暱稱為身上披著披風於空中飛行的超級老鼠「太空飛鼠」，堪稱當時最強的空對空武器，也是全天候夜間戰鬥機的必備裝備。據說其威力可與美國陸軍的75mm高射炮的炮彈匹敵。

▶這款T.11並排雙座教練機是拆下吸血鬼夜戰型NF.10中的雷達並在引擎部位以外的金屬骨架上裝設合板打造而成的。航空自衛隊於1956年1月購入1架出口型T.55作為下一代噴射教練機的參考，於岐阜的實驗航空隊進行測試與評鑒測驗，但最終不予採用，木製機這點也是主要的原因之一。此機目前作為展示機在濱松的航空自衛隊宣傳館「Air Park」裡度過餘生。

◀陸海空自衛隊共通的機款中又以西科斯基H-19（海上自衛隊稱為S-55）與VertolKV-107II最為人所知；5人座聯絡機川崎KAL-2則是為了爭取陸上自衛隊的多座聯絡機而開發，於1954年11月25日首飛，雖然只有2架試製機，卻曾為陸海空三軍所用，是相當罕見的機體。KAL-2在陸上自衛隊的多座聯絡機競爭試製中被富士重工的KM-1打敗後，分別出售1架給航空自衛隊與海上自衛隊。到了1964年，一直在岐阜航空自衛隊實驗航空隊作為聯絡機使用的1號試製機移交至陸上自衛隊，KAL-2才名正言順成為陸海空自衛隊的共通使用機種。目前展示於所澤航空發祥紀念館裡的KAL-2即為此機。

▶和吸血鬼式一樣在「Air Park」裡度過餘生的機體中，有一架北美航空T-28B特洛伊木馬式。該機是三菱為了賣給防衛廳而於1954年進口了1架。1956年4月由防衛廳收購，配置至岐阜的實驗航空隊，活用其最大速度554km/h（與第二次世界大戰中的戰鬥機同等級）的能力，用來收集開發日本首架國產噴射教練機T-1所需的資訊，或是用於裝備品的測試等。

洛克希德 F-104J 星式(榮光)(1949)

Rocked F-104J Starfigter

2000年7月號（Vol.14）刊載

　　日本到了50年代後半是以亞音速機北美航空F-86F軍刀式作為主力戰鬥機，然而世界已經進入超音速機的時代。日本勢必得展開下一代主力戰鬥機的選定作業。當時在F-X戰機計畫候補競賽中最具優勢的便是F-100超級軍刀式與洛克希德F-104。然而在1957年12月的國防會議懇談會上，防衛廳說明了F-100是戰鬥轟炸機，遭岸首相以一句「日本不需要轟炸機」駁斥，超級軍刀式就此失去最後一線希望。

　　原以為如此一來應該會決定採用F-104，不料半途殺出了程咬金，隔年4月竟由F11F-1F超級虎式獲得了內定。對F-104而言簡直是前途一片黯淡……。然而此事在國會上吵得沸沸揚揚——「決定方式不明確」、「為何選中F11F-1F，明明F-104J較為出色」、「難以苟同」；經過一番爭論後，於6月取消了內定，一切回歸原點，F-104也看到一

絲曙光並力圖在此階段一舉逆轉。到了7月，決定由團長為源田航空幕僚長的F-X調查團展開實地調查與候補機試乘。據說其比較評估後的結果顯示，F-106的性能才有資格成為與F-104相提並論的候補機，實在難以理解為何F-11F-F能夠進入內定審核。

　　總之，1959年11月6日決定採用F-104C日本專用改良型F-104J作為航空自衛隊下一期的主力戰鬥機。1964年1月8日為自衛隊的使用機取了暱稱。航空自衛隊的戰鬥機F-86F與F-86D分別取名為「旭光」與「月光」，而F-104J則取為「榮光」與「光」。順帶一提，根據大辭林的解釋，「榮光」一詞意指「象徵世上可能會有喜事發生的吉利之光」。此外，基於預算考慮，F-104J中只有一半的機體裡裝配了火神式機炮。據說導致預備緊急起飛時機體調度困難才又事後追加。　■

麥克唐納-道格拉斯 F-4 幽靈式 II (1958)

McDonnell Douglas F-4 Phantom II

1999年11月號（Vol.10）刊載

　　F-4幽靈式 II 始於美國海軍最早的噴射戰鬥機FH-1幽靈式，是繼女妖式（banshee）、哥布靈式（goblin）、巫毒式（voodoo）之後推出，為麥克唐納妖怪系列的最後一款萬能戰鬥機。其歷史悠久，起源於1954年美國海軍發出的2架艦上攻擊機AH-1原型機的試製契約。然而到了1955年，AH-1因諸多事由而改名為F4H-1。計畫也有所變更，改為以空對空飛彈作為主力武器的全天候艦隊防空戰鬥機。這23架開發測試專用機與24架初期量產型即為F-4A。

　　隨後的量產型F-4B則生產了649架，成為美國海軍與海兵隊的主力戰鬥機，最後一批於1967年1月移交。美國空軍也以F-4B為基礎，將規格變更成陸上機型，以戰術戰鬥機F-4C（舊稱為F-110A）之名獲得採用，直至1966年5月一共交付了583架（當時已經有數家國內外製造商發售此機的塑膠模型。那時購入的Revell1/72 F-4B是我與幽靈式 II

的相遇）。

　　麥克唐納公司於1967年4月與道格拉斯公司合併，成為麥克唐納–道格拉斯公司，不知是不是因為混合了道格拉斯的系統所致，之後的戰鬥機無論是鷹式還是大黃蜂式都變得中規中矩。日本航空自衛隊的F-4EJ是世上唯一獲得授權生產的幽靈式，吸取越戰的教訓而大幅提升了攻擊能力，和美國空軍的E型基本上是同機款。然而，其空中加油裝置被改造成地上加油專用型，而地面攻擊能力也因拆除轟炸計算電腦而受到抑制。不過F-4EJ改恢復了轟炸計算電腦，也作為支援戰鬥機來運用。

　　順帶一提，我的收藏品中與幽靈式相關的主要配備有操縱杆的握把、航空時鐘、阻力傘、第83航空隊的盾牌（說來有點不好意思，其徽章就是我設計的）等等。　■

麥克唐納-道格拉斯 F-4EJ 幽靈式 II (1971)

McDonnell Douglas F-4EJ Phantom II

2015年11月號（Vol.106）刊載

　　航空自衛隊針對F-X戰機計畫於1968年9月27日選定麥克唐納F-4E幽靈式 II 作為北美航空F-86F的後繼機。由三菱重工取得授權生產日本規格的F-4EJ，但基於避免帶給他國侵略性與攻擊性威脅之考量，拆除了轟炸裝置，新加BADGE系統（半自動防空警戒管制組織）的資料連結裝置作為替代，脫胎換骨成了肩負領空侵犯應對措施的空對空專任戰鬥機。由於沒有長程進攻的必要，因此連空中加油裝置也拆除，改修為地上加油專用型。

　　日本最終導入了140架F-4EJ，比授權生產早一步完成的2架機體於1971年7月25日由美國空軍飛行員負責經海運運至日本，繼這兩架1、2號機之後又組裝生產了11架，因此授權生產機是從314號開始編號。航空自衛隊最初的幽靈式 II 飛行隊是1972年8月1日在百里基地第7航空團指揮下編成的臨時F-4EJ飛行隊。該飛行隊後來改名為臨時第301飛行隊，於1973年10月16日開始負責首都圈防空任務，同時正式編組為第301飛行隊（301SQ，為F-4EJ機種轉換操作過渡期的教育部隊）。這意味著該隊為幽靈騎士（F-4EJ機員的暱稱）的首支飛行中隊。至於以大家熟知的筑波山名產四六蛤蟆作為圖樣的青蛙部隊標誌則是到了1976年4月之後才繪於垂直尾翼上。

　　301SQ於1985年3月2日以F-4EJ機種轉換教育部隊的名義，連同青蛙部隊標誌一起轉移至新田原的第5航空團。雖然配合後來所屬的航空團而將青蛙圍脖上的星數從7顆改為5顆，不過只要301SQ繼續服役，其首支飛行中隊的身分就不會改變。　■

McDonnell Douglas F-4EJ Phantom II

▶開發出幽靈式II的麥克唐納公司是詹姆斯·史密斯·麥克唐納（1899～1980）於第二次世界大戰開戰不久前的1939年7月6日在聖路易斯創建的飛機製造廠。麥克唐納公司最早的一款噴射戰鬥機為「妖怪系列」之首，也就是美國海軍最早的噴射艦上戰鬥機XFD-1幽靈式。F-4幽靈式II是在1959年7月3日麥克唐納公司創立20週年紀念典禮上首次亮相。1967年春天併購了陷入財務危機的名門道格拉斯公司，新公司名稱為「麥克唐納-道格拉斯」。

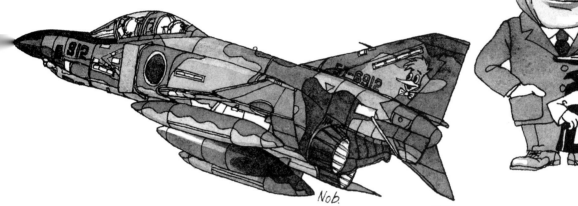

▲RF-4E幽靈式II是在西方諸國廣泛採用的無武裝偵察機。航空自衛隊是使用在聖路易斯製造的進口飛機來作為RF-86F的替代機，14架全部配置至百里的第501飛行隊（日本唯一一支偵察飛行隊）。此外，以17架既有的F-4EJ加以改修，賦予了偵察吊艙系統的運用能力後便於1993年以偵察機RF-4EJ之名與RF-4E一起配置至第501飛行隊。RF-4EJ上保有F-4EJ當時的JM61A20mm火神式機炮與武裝搭載能力，但實際上並未使用。

▶F-4E幽靈式II在冷戰時期美國三軍及西方陣營的無數國家中穩坐主力戰鬥機的寶座。除了航空自衛隊的F-4EJ外，全是在麥克唐納-道格拉斯聖路易斯工廠製造的。一般認為最終號機是為韓國空軍打造的F-4E，即第5057號機，但另有一說指出，1978年10月關閉組裝線後，又追加生產了超過6架RF-4E。看來有些幽靈式II成了幽靈人口。航空自衛隊的最後一架F-4EJ（17-8440）是最晚登場的幽靈式II。440號機於1981年5月21日，即驗收的隔天，船運至小松基地，該年6月30日配置至第306飛行隊（在新組成的第6航空團中位居第二，也是航空自衛隊最後一支F-4EJ飛行隊）。

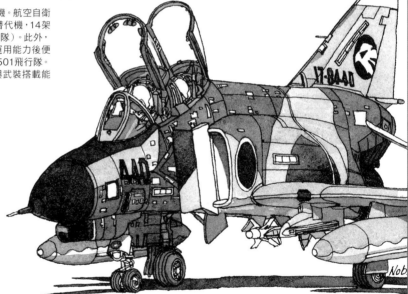

◀此機為經過近代化的F-4EJ改，延長機體壽命的同時也優化了防禦能力。換掉所搭載的中央電腦，擁有攜掛ASM-1（80式空射反艦飛彈）的能力，同時力圖提升對地支援戰鬥時的命中準度。此外，透過變更雷達讓空對空飛彈也有了如F-15般運用AIM-7F/9L的能力。一共有88架經過改修，最早將機種從F-4EJ變更為F-4EJ改的是小松的第306飛行隊，於1989年實施。飛行員對F-4EJ改駕輕就熟後，便於1997年與機體一起轉移至三澤的第8飛行隊，負責支援戰鬥任務。辨識F-4EJ改與F-4EJ的重點之一在於垂直尾翼安定板後緣頂部與主翼翼梢前緣處有無安裝雷達預警天線。

Nob.

三菱 F-15DJ 鷹式(1980)

Mitsubishi F-15DJ Eagle

2017年7月號（Vol.116）刊載

飛行教導隊自2014年起改組為飛行教導群，歸屬於北陸石川縣的航空自衛隊小松基地，是以盡得航空自衛隊精銳之真傳的飛行員編組而成的部隊。

其任務是研究對付戰鬥機（ACM）的戰技，同時以空戰專職團之姿巡迴各大飛行隊，透過擔任假想敵的角色力圖提升戰技，是一支航空總隊直轄的侵略者（假想敵）部隊。飛行教導隊於1981年12月17日以飛行特性相近的三菱T-2超音速高等教練機在九州福岡縣的築城基地開始運作，1983年3月16日移動至一樣位在九州的新田原基地。機種是從1990年4月3日驗收的2機（82-8065、92-8068）開始轉換成現役的F-15DJ雙座型鷹式，1990年度內驗收了規定的7架後即完成編組。

飛行教導群各機上以鮮豔水性塗料塗刷的塗裝是採用識別塗裝（可提高「ACM」訓練用的辨識性）而非迷彩塗裝。此外，機體的綽號也與這種塗裝有關，比如065號機為「小黑」、068號機為「小綠」……以這種方式來命名，如此一來飛行隊僚機與對手部隊的飛行員都能明確鎖定，簡而言之，有辨識敵我的效果。

飛行教導群最初基於確保安全性的觀點而只配置雙座型鷹式F-15DJ，不過到了2000年10月編組了肩負「戰鬥機駕駛課程」教育的第23飛行隊，導致雙座型不足，故而開始運用少數單座型F-15J鷹式。因為黑白斑點塗裝而有了「熊貓」綽號的936號機就是該款F-15J中的1架。

美國海軍有鑒於越戰教訓而編制的「假想敵（adversary）」部隊又名為「捍衛戰士」，還有隊名取作「侵略者（Aggressor）」的美國空軍飛行隊，都是這種假想敵專業部隊之鼻祖。 ∎

Mitsubishi F-15DJ Eagle

▶初代侵略者中隊所使用的飛機是三菱T-2，在編組之初的裝扮是在垂直尾翼的標準塗裝上描繪眼鏡蛇標誌。到了1984年1月，機體各部位皆以黑或黃色鑲邊，序號改為紅字，機首側面的無線電呼叫號碼則為黃框紅字，喬裝成蘇聯空軍飛機（MiG-21）。此外，在ACM訓練時為了欺騙對手機的飛行員而用黑色於機身下面描繪了座艙罩的圖案。

◀幽靈式的首支飛行中隊第301飛行隊中有架F-4EJ／07-8428機，為了在ACM訓練時充當假想敵機而實驗性地以青蛙綠塗裝成MiG-21的輪廓。這種塗裝似乎頗具訓練效果，第301飛行隊從第7航空團轉移至第5航空團後仍繼續沿用。

▶航空總隊戰技競技會是從1979年10月在小松基地舉辦了79戰後才開始採用ACM課程。當時參加的各支F-4EJ幽靈式飛行隊於機身與外翼部位塗裝了識別帶。這種模式也被列為新生F-15DJ飛行教導群識別塗裝的候補，不過部隊內部評估後決定採用雖非迷彩卻符合戰鬥機風格的塗裝，也就是現行的識別塗裝。

◀曾在神奈川縣美國海軍厚木基地被目擊到的半常駐霍克獵手F.58隸屬於「侵略者」中隊，是由美國民間企業承接海軍的委託打造而成，能擔綱靶機拖曳或電子戰假想敵機的角色。其前身是於1958年3月29日首飛後生產了100架的瑞士空軍專用霍克獵手，是相當老練的飛機。

三菱 F-2A(1995)

Mitsubishi F-2A

2007年3月號（Vol.54）刊載

　　所謂的支援戰鬥機是以對艦攻擊與對地攻擊為主要任務的戰鬥機，機種相當於戰鬥轟炸機或戰鬥攻擊機。日本在戰後出現一種論調：「保有攔截戰鬥機是為了專職防衛的無奈之舉，但轟炸機卻是會對周邊諸國帶來威脅的攻擊性武器。」而這種支援戰鬥機便是用來取代轟炸機的機款。

　　三菱F-1是日本最早的國產超音速戰鬥機，決定其後繼機（即下一代支援戰鬥機）的FS-X計畫始於1981年，而F-16、F/A-18、龍捲風戰鬥機等被列為候補的國外製飛機進口案（授權生產）及日本國內開發案則於1985年進入具體的評估階段。最初是雙引擎的國內開發機案較具優勢，但接到國外申訴尚未實作的國產機與既有機的審查不公，加上美國強硬的干涉，經過一番爭論不休後，於1987年做出政治性的決斷：FS-X計畫由日美以單引擎機F-16C為基礎來共同開發。此結果將FS-X計畫定調為準國產機F-2，而非單純的日本國產機。

　　該機於1995年10月7日首飛成功，雖然幾經波折，但平成的零戰總算誕生了。打造了4架試製機，1、2號機為單座的XF-2A，3、4號機為雙座的XF-2B。以這4機在飛行開發實驗團進行飛行測試的過程中，證實複合材一體成形的主翼會發生抖動與龜裂，加上尾翼的強度不足，開發時間因而延長了9個月。此外，自2000年開始將量產機配置至部隊後，發現有部分機能異常，導致逆風時會增加風力。更雪上加霜的是，2004年防衛廳以「F-2價格高昂卻性能不足，沒有太大性能優化的空間」為由，發出中止採購的聲明。這成為把F-2送上黃泉路的最大級強風，讓「平成的零戰」最終化為一陣「平成的烈風」。■

洛克希德 C-130H 力士型(1984)

Lockheed C-130H Hercules

2007年5月號（Vol.55）刊載

　　洛克希德C-130力士型是確立現今戰術運輸機形式的軍用中型運輸機。自1948年美國空軍獨立後，根據首次與陸軍統一的規格來進行開發。其原型機YC-130（後來改稱為YC-130A）是於超過半世紀之前的1954年8月23日首飛。力士型在世界各地有超過60個國家使用，是款暢銷的戰術運輸機，不僅現在仍在服役，其加強型的生產也在持續進行中，可謂前所未聞的長銷戰術運輸機。

　　力士型又分為A、B、E、H與J，共5款基本型。可運用於多種目的的多用途性能頗受好評，其衍生型有用來回收發現者衛星之密封艙的JC-130B、炮艇機AC-130E、機首處有個如昆蟲觸感般的富爾頓回收裝置的特殊任務型MC-130E、搜索救難型的HC-130H等等，細分的話會超過50款機種。

　　日本航空自衛隊所使用的力士型是H型。1981年決定導入16架C-130，不過其實早在開發C-1作為寇蒂斯C-46運輸機之後繼機時就曾討論過是否導入。當時因為該機體型過大而擱置，不過自從沖繩與最近蔚為話題的硫磺島歸還後，C-1的能力不足以應付，印有日本國旗的大力士便如不死鳥般復活了。

　　從1984年2月起至1998年為止依序導入的C-130H全部集中配置至小牧的第1運輸航空隊第401飛行隊，長久以來運用至今。自2004年1月起，將標準塗裝的綠色系迷彩改塗成淡藍色，並且為了應付攜帶式地對空飛彈而裝備了飛彈接近警報裝置、干擾箔／熱焰彈投射器，還在駕駛座上方緊急逃脫口安裝監視用的泡型艙罩，經過這些改造的機體目前在伊拉克執行空運任務。順帶一提，空自16號機是洛克希德公司所生產的最後一架C-130H。　■

日本航空機製造(NAMC)YS-11(1962)

NAMC YS-11

2007年1月號（Vol.53）刊載

　　日本在太平洋戰爭中落敗淪為戰敗國，根據1945年11月18日駐日盟軍總司令部（GHQ）發布的指令，飛機的生產、研究與實驗等所有航空活動遭全面禁止，甚至連模型飛機都不得升空。

　　1950年6月25日黎明爆發的韓戰打破了此事態。這場戰爭讓美國的對日政策大轉彎，開啟通往1952年4月締結的《舊金山和約》之路。該條約即將生效的1952年4月9日解除了GHQ發布的「武器與飛機的生產禁令」，日本終於可以名正言順地自主生產與研究飛機。自從承接美軍在韓戰中使用的軍用機的解體大檢修作業後，重啟了日本的航空工業。這讓日本成了針對周邊事態的後勤補給，帶來所謂的「朝鮮特需」，以結果來看，韓戰成為因敗戰而持續疲軟的日本經濟的一劑救命針。

　　繼美軍特需與防衛廳飛機的授權生產之後，日本的航

空工業開始評估正式的開發機種。主題是噴射教練機（以後來的T-1實現）與地方線專用運輸機。

　　於1957年5月設立「社團法人運輸機設計研究協會」，啟動日本國產運輸機計畫。隔年4月定下基本規格，結合了第1案的勞斯萊斯達特10引擎與第1案的主翼（95m^2）。名稱也從這個階段開始改成YS-11，是以『運輸機設計（Yusouki Sekkei）』的首字母結合引擎與主翼第1案的「1」所組成，唸作「YS一一」而非「YS十一」。不過直到YS-11引退之際所播放的公共廣播為止，我一直都是唸成「YS十一」……。

　　「YS一一」的後繼機Y-X計畫前後反覆提出卻都不了了之，據說現在正在進行中的日本國產運輸機事宜依舊處於整體概括不明的狀態。　　　　　　　　　　　■

下田先生寄送給相關人員的部分賀年卡。特地配合生肖製作手繪圖等，是可以窺見下田先生人品的珍品。下方照片是寄給航空雜誌公司的賀年卡，值得注目的是航空自衛隊的零四機（F-104的暱稱）雖然是單色畫，卻巧妙捕捉到實體機的特徵，完成品充滿躍動感。（提供／高巢弘臣）

謹 賀 新 年

昭和六十年 元旦

〒101　東京都千代田区神田小川町

電話

株式会社　航空ジャーナル社

德哈維蘭 海雌狐式 F.A.W.2(1957)

de Havilland Sea Vixen F.A.W.2

2008年11月號（Vol.64）刊載

德哈維蘭公司繼第一款英國海軍噴射戰鬥機海上吸血鬼式及其加強型海上毒液式之後，推出了海雌狐式，為該社雙尾桁架艦上噴射戰鬥機系列的最終機型。此機為英國海軍第一款正規的全天候戰鬥機，是最早廢除固定炮並讓AAM武裝實用化的英國飛機，可說是充滿新意與革命性的噴射戰鬥機。海雌狐式是將駕駛安置於左側座艙罩裡，雷達操作員則在右側機身內，屬於不符合常規的並排雙座，容貌十分前衛。根據研究社Readers辭典的解釋，「Vixen」意指雌狐、嘮叨的女人或成天罵人的潑婦等。是一個擺在現代應該會有性騷擾爭議的名稱。

海雌狐式的原型是德哈維蘭DH110。該機成為1946年英國空軍F.44/46夜間戰鬥機規範及1947年英國海軍N.40/46規範所需求的飛機。然而受到當時英國社會情勢所阻，該機的開發也在這種嚴峻的情勢下遭海軍以政治經濟性考量為由取消了合約，空軍也縮減了計畫，僅試製2架夜間戰鬥機型，不僅如此，在空軍F.4/48夜間戰鬥機規範的需求案上與格羅斯特標槍式的試製競爭中也敗下陣來。

海軍於1952年底所發出的海上毒液式後繼機之需求成為其命運的轉捩點。德哈維蘭公司對此提出奠基於DH110的艦上型方案，並於隔年初成功接到海軍的開發訂單。量產型海雌狐式F.A.W.1的第1號機於1957年3月20日首飛，生產機數為119架。此外，1962年在產線上針對F.A.W.1的第92號機進行了改造，2根尾桁架變粗且突出於主翼前緣，成為F.A.W.2的原型。全新打造了29架F.A.W.2，另有67架為F.A.W.1的改造機。搭載於鷹號空母、以飛天拳頭標誌為人所知、隸屬於第899飛行隊的飛機、無線電呼叫號碼為131的F.A.W.2也是以F.A.W.1改造而成。∎

BAe 海獵鷹式 FRS.1(1975)

BAe Sea Harrier FRS.1
2002年7月號（Vol.26）刊載

　　自從海軍的一般型鷹號空母於1972年引退後，英國就只剩皇家方舟號一艘空母有運用傳統型固定翼飛機。該皇家方舟號也依循政府方針於1978年退役。艦載機幽靈式FG.1全數轉至空軍繼續服役一事也已經定案，海軍航空戰力面臨存續的危機。

　　當時海軍在斟酌財力後所推出的解決之策是：建造3艘擁有如獵鷹式般可運用S/VTOL（短距／垂直起降）機的全通式飛行甲板的簡易型空母，並且開發海獵鷹式。簡易型空母的1號艦無敵號於1973年7月動工並於1980年完工。海獵鷹式則是於1975年5月15日確定獲得採用。海獵鷹式FRS.1是世上第一款身兼攻擊與偵察的S/VTOL艦上戰鬥機。此機奠基於英國空軍的獵鷹式GR.3，經過最小限度的改造後，以海軍型獵鷹式之姿於1978年8月20日誕生。

　　1982年4月2日阿根廷軍隊登陸並占領了英國領地福克蘭群島的史坦利。棘手的是，福克蘭是位於離南極半島約1200km處的島嶼，距離英國極為遙遠。英國即便從距離最近的前線基地阿森松島出發，也長達7200km之遠。英國海軍的空母已經全數退役，於是以裝配了秘密武器「滑跳式甲板」的新銳艦無敵號以及擁有反潛機能的直昇機平台登陸艦競技神號為主力，編成奪回該島的機動部隊。

　　在福克蘭糾紛中，海獵鷹式於空戰中立下1機未損並擊落23架阿根廷軍機的碩碩戰果，對英軍的勝利貢獻良多。即便如此，英國海軍仍在2002年提出要求，希望現役的海獵鷹式FA.2能於2004年至2006年間退役。　　■

英國 United Kingdom

霍克西德利 獵鷹式 (1960)

Hawker Siddeley Harrier

2016年3月號（Vol.108）刊載

　　霍克獵鷹式是世上第一款實用垂直／短距起降（V/STOL）戰鬥攻擊機，為霍克公司自主開發的飛機。綽號「jump jet」，是由霍克公司的知名設計師兼工程師主管西德尼‧卡姆先生所設計。

　　獵鷹式是至今唯一一款實用化的推力向量（vectored thrust）式V/STOL機。此機的關鍵在於所搭載的引擎，是布里斯托飛機公司以天馬之名將法國人米切爾‧威保爾特工程師的想法加以具現化的產品，把導管一分為二，裝設4個轉環式推力向量排氣噴嘴。北約軍在東西冷戰時期面臨的課題便是能否在敵方第一波攻擊中存活下來並且立即加以反擊。V/STOL機在起降時不需要顯眼的跑道，因此可以暗地裡進出前線附近並分散隱藏於森林之中，可躲過敵方的視線或空襲，並在無助跑下反復出擊。這便是採用V/STOL機作為新戰術攻擊機最大的好處。

　　獵鷹式原型機P.1127的1號機（XP831）在霍克公司的首席測試飛行員比爾‧貝德福德的駕駛下，於1960年11月19日首次成功垂直漂浮。北約軍的英國、美國與西德一直在尋找菲亞特G.91的後繼機，對P.1127產生高度興趣，於是組織了三國共同評估飛行隊（TES）。霍克公司一共為TES打造出9架P.1127並賦予制式名稱為紅隼F.（GA）1，公司名稱後來也改為「霍克西德利」。

　　1號機（XS688）在貝德福德的駕駛下於1964年3月7日首飛成功。紅隼F.（GA）1以獵鷹式GR.Mk.1之名獲得英軍採用，甚至連美國海兵隊也以AV-8A之名採用同機型。專為英國空軍打造的先行量產型獵鷹式GR.Mk.1是於1966年8月31日升空。遺憾的是，西德尼‧卡姆於1966年3月21日辭世，未能見證此機的完成。　　■

Hawker Siddeley Harrier

▲北約的英國、美國與西德於1964年10月15日以10名老練飛行員、112名管理與整備要員組織了由三國共同來評估紅隼的飛行隊（TES）。其中西德派遣的飛行員要員之一是在第二次世界大戰中擊落301架而在德國空軍名列第二的王牌：巴克霍隆上校。一共追加製造了9架紅隼試製機，其1號機（XS688）於1964年3月7日由貝德福德駕駛升空，但西德決定暫不採用。

▲美國在三國共同評估飛行隊解散後仍將6架紅隼帶回國，以XV6A之名持續進行評估測試，不過1969年2月決定以AV-8A之名導入英國空軍的獵鷹式GR.1，派給海兵隊作為密接支援之用。海兵隊的AV-8A在日本也成為大家都熟悉的獵鷹式。以改善獵鷹式／AV-8A在淨載重量與續航性能上的問題為目標而開發出來的便是AV-8B／獵鷹式II，為了輕量化而有26%的機體構造重量使用了碳纖維強化塑膠。隨後又發展成賦予AV-8B夜間攻擊能力的夜襲型獵鷹式IIIPLUS，還在機首裝配了雷達。

▲英國的海軍型獵鷹式命名為海獵鷹式FRS.Mk.1。FRS展現出具備戰鬥、偵察與攻擊能力，但其主要任務是艦隊防空。為了於機首裝配藍獵狐雷達，於駕駛艙地板裝設都卜勒雷達並順帶改善視野，故將駕駛座提高了25cm。1982年與阿根廷之間爆發的福克蘭糾紛是海獵鷹式與獵鷹式的首戰，也是V/STOL戰鬥機唯一一場空戰。含10架比首式與幻象IIIEA超音速戰鬥機在內共擊落了21架，自己則毫髮無傷，可謂大獲全勝。空軍的獵鷹式主要是負責對地攻擊的任務。

▶在P.1127的初號機（XP831，為獵鷹式的原型機）前面擺姿勢拍照的是在VTOL開發上最功不可沒的知名飛行員比爾・貝德福德（左）與赫梅爾威薩（右）。貝德福德駕駛此機於1963年2月8日締造出史上首架VTOL機在空母上垂直著艦與起飛的紀錄。P.1127製造了3架（XP831與強度測試用機），但2號試製機（XP836）於1961年12月14日因P.1127的首次事故而損毀。

富加 C.M.170R 教師式(1952)

Fouga CM.170R Magister

2014年7月號（Vol.98）刊載

　　一般認為富加C.M.170R教師式是世上第一款駕駛員基礎訓練用的噴射教練機。富加公司是以隸屬於第1類與第2類的高性能滑翔機（Soarer）為主力產品的新興製造商，於1936年設立飛機部門。毫不保留地發揮其技術能力所打造出的教師式有著並排的雙駕駛座、翼長較長的直線翼、V字形的尾翼以及較短的降落裝置，是一款容易誤認成滑翔機的滑翔機型噴射教練機。

　　教師式起源於富加公司1948年向巴黎航空省提出的C.M.0130R計畫案，規劃搭載2具推力150kg的透博梅卡Palas渦輪噴射引擎。然而駕駛員會穿著裝配各種器材的軍用飛行服以便執行任務，若按該案來設計，乘坐空間似乎有過小之嫌，故而進行設計變更來加大規格，機體改為富加公司首次採用的應力外皮全金屬性構造，同時將搭載的引擎也變更為透博梅卡公司產品中推力最強的400kg馬爾博

雷，終於搖身一變成了C.M.170R。

　　富加公司於1950年12月接到來自航空省的3架原型機訂單，1號原型機於1952年7月23日首飛，從2號原型機開始才於翼梢裝設油箱。此外，3號原型機則為了比較評估而採用一般型式的尾翼。

　　教師式在1951年法國空軍舉辦的噴射教練機競賽中勝出而獲得正式採用，被打敗的對手是1911年創業的老牌公司莫蘭·索尼耶公司的M.S.755鈍劍式，據說面對這項決定時還脫口說出「真的假的？」……抱歉，這是我胡謅的。在那之後，包含在西德等法國國外授權生產的機體在內，一共量產了多達929架教師式，成為熱銷之作。此外，作為法國空軍飛行表演隊「巡邏兵飛行表演隊」的使用機，從1964年一直服役至1980年。　　　　　■

Fouga C.M.170R Magister

◀富加C.M.170R教師式的1號原型機是富加公司第一款附動力的全金屬製飛機。和生產型教師式在外觀上的差異在於駕駛座座艙罩的框架較細,而且沒有設置用來補強教官前方視野的潛望鏡(periscope)與尾輪前後的飛機腹鰭。教師式的特徵之一在於有個附帶巨大平衡錘的方向舵兼升降舵,以及打開角度為110度的V字形尾翼。減速板設置於翼弦的中心附近,為上下開啟的滑翔機型。

▶3號原型機是製造了929架的教師式中唯一有著一般尾翼的普通噴射教練機。

◀富加公司最早的一款渦輪噴射機是受其鄰居透博梅卡公司委託而製造的C.M.8R西爾芙式。西爾芙式是在C.M.8R滑翔機式的木製機身背上搭載水力100kg的透博梅卡「皮門尼」渦輪噴射引擎的噴射滑翔機。之後西爾芙式進化成CYKLOP,發展成以兩個CYKLOP機身結合成W形尾翼的C.M.88雙子式(雙胞胎之意)。

▶莫蘭·索尼耶M.S.755鈍劍式在法國空軍的新噴射教練機競賽中遭教師式打敗,是一款並排式雙駕駛座且為T字形尾翼的噴射戰鬥教練機。其搭載的引擎是和教師式相同的透博梅卡「馬爾博雷II」。M.S.755之後搖身一變成為世上第一款商務噴射機,也就是四座的M.S.760巴黎式,發展出III型,獲得法國空軍、阿根廷與巴西空軍採用,作為聯絡機之用。

達梭布雷蓋 超級軍旗式(1974)

Dassault-Breguet Super Étendard

2012年11月號（Vol.88）刊載

　　位於英國西南方往南1萬3000km處的群島是英國領地福克蘭群島。往東1300km有座英國領地南喬治亞島。1982年3月19日有自稱是鐵屑業者的阿根廷人率領工人來此，聲稱要拆毀老舊殘敗而不堪作為柴魚乾工廠來使用的捕鯨基地，未經許可即登陸並插上阿根廷國旗，氣焰十分囂張，此事成為引發福克蘭糾紛的導火線。

　　阿根廷主張這些群島的領有權，並於4月2日登上東福克蘭島，隔天3日又占領了南喬治亞島。英國為因應此事態而於4月中編組機動部隊，將裝載著地面部隊與補給品的數10艘艦船派送至福克蘭海域。更進一步於5月1日對阿根廷軍營地展開炮擊。對戰期間的5月4日，福克蘭島西南海上的英國驅逐艦雪菲爾號遭阿根廷海軍的法國製戰鬥攻擊機達梭超級軍旗式所發射的空對艦飛魚導彈AM39命中，驚慌失措間便陷入一片火海，最終沉沒。這是世界首例。不僅

如此，5月25日徵用的貨櫃船大西洋運送者號又被超級軍旗式所發射的1枚飛魚導彈擊沉。這些戰績對全世界展示了對艦飛彈的有效性。

　　超級軍旗式是強化了法國製機體軍旗IVM的引擎，並以經過現代化的電子設備與武器系統再次投產所打造而成的艦上機。量產型的首次飛行是在1977年9月。阿根廷海軍保有的5架王牌超級軍旗式與5枚飛魚導彈是在開戰前獲得的秘密武器。順帶一提，超級軍旗式的五處武器掛載點中只有右舷的1處可搭載飛魚導彈。■

Dassault　Super Étendard

◀法國航太飛魚對艦飛彈：於1970年代初實用化，是西方最暢銷的對艦飛彈。最初的MM.38型全長5.21m、速度0.93馬赫、射程為42km，搭載於方形發射箱中，有分艦上發射型與地上發射型。以MM.38為基礎開發出空中發射型，即全長4.69m、射程40～70km的MM.38。驅逐艦「格拉摩根號」以艦炮射擊來支援於6月12日凌晨展開總攻擊的英軍，卻遭地上發射型MM.38命中而受損。該艦後來修復損傷後於1987年販賣給智利。

▶道格拉斯A-4C天鷹式攻擊機：在阿根廷空海軍航空戰力中占最多數的是A-4P/4Q天鷹式。空軍保有50架左右的超音速機幻象Ⅲ與以色列擅自仿造幻象V所生產出的匕首式（以色列名稱為禿鷹式），然而阿根廷所占領的史坦利港機場因跑道太短不利於噴射戰鬥機運用，索性從阿根廷本土展開作戰。這兩款機種沒有加油裝置，據說在作戰半徑超過830km的福克蘭上空戰鬥的時間最多為5分鐘。故由擁有加油裝置的天鷹式從本土出擊並透過KC-130進行空中加油，以一般的炸彈重創英軍的艦船。

◀IA-58A普卡拉式支援攻擊機：普卡拉式是阿根廷開發並量產的渦輪螺旋槳雙引擎密接支援攻擊機，裝配了4門20mm機關炮，最多可搭載1500kg的炸彈與火箭彈，最大速度為520km/h。阿根廷軍壓制福克蘭後，便有24架IA-58A普卡拉式進入史坦利港機場。一般的IA-58A是雙座的機體，改良型IA-58C則改為單座。

▶達梭・軍旗ⅣM艦上戰鬥攻擊機：從1964年1月開始配至部隊來取代F4U海盜式，亦可搭載核彈，是肩負部分法國核子戰略之任務的王牌艦上戰鬥攻擊機。在電影《頭頂上的威脅》中，與空母「克里蒙梭號」共同演出並將其能力發揮得淋漓盡致的便是進化為超級軍旗之前的一般軍旗式。

達梭・疾風式M(1986)

Dassault Rafale M
2001年7月號（Vol.20）刊載

　　疾風式M是法國海軍第一款法國製艦上噴射戰鬥機，在機體形狀上將名門達梭公司的傳統展露無遺：無尾翼、三角翼且附前翼。

　　法國海軍在推動艦載機噴射化時一開始就試著以國產化為目標，打造出AérocentreNC1080艦上戰鬥轟炸機與諾爾NC2200艦上戰鬥機，並於1949年首飛。不過進行這項嘗試的兩機都進展不順，海軍以「北風」之名採用德哈維蘭海上毒液式，用以取代錢斯・沃特F-8E（FN）十字軍式艦上戰鬥機。這其中隱含著疾風式誕生的原因之一。

　　1970年代後半，英國、法國與當時的西德一直在構思下一代戰鬥機，並志在於1990年代前半完成實用化。各國基於開發成本與風險分散的考量而決定要共同開發。1980年4月達成的協議便是兼具戰鬥與攻擊的ECA（歐洲戰鬥機）計畫。然而這項ECA計畫卻早早於1989年3月碰壁。

原因在於資金的分攤與法國的因素。法國需要能作為十字軍式後繼機的艦載機型，因此冀求比英國與西德的提案還小型的機體，甚至要求引擎要裝配法國製的SNECMA M88，主張的方案都只對自己有利。新戰鬥機開發因而告吹，法國便自掏腰包獨自開發達梭疾風式，而英國與德國則聯合義大利與西班牙共同研發了歐洲戰鬥機EF2000颱風式。

　　法國海軍於1986年動工打造克里蒙梭號等級的後繼中型正規空母，為法國第一款以原子力推進的水上艦，其名為「戴高樂號」。服役後便搭載了疾風式M艦上戰鬥機。冠上自己名字的新空母上所運用的艦上戰鬥機是國產機疾風式M而非參雜德國血脈的機體，愛國者戴高樂將軍若泉下有知想必會鬆一口氣吧。　　　　　■

薩博 37 雷式(1967)

SAAB 37 Viggen

2012年7月號（Vol.86）刊載

　　面向波羅的海的瑞典是以國產武器作為主力武器的北歐武裝中立國。因此除了戰後某段時期以外，連空軍都是配置薩博製的國產噴射戰鬥機來擔綱國防之責。其歷史始於薩博21R——將雙機身推進活塞式戰鬥機薩博21改為噴射式所打造而成。之後又有薩博29圓桶式、薩博32蘭森式與薩博35龍式相繼升空，按部就班地透過國產機更新瑞典的戰力。

　　空軍與薩博公司從1952年起開始評估的下期戰鬥機是攻擊與攔截兼備的機體。經過將近10年的調查與研究後，於1961年秋天彙整出系統37的基本計畫，規劃了量產攻擊型AJ37（亦可用於攔截）、攔截型JA37（亦可用於攻擊）、偵察型S37（後來分為SF37與SH37）與雙座訓練型SK37；這項武器系統全面更新的薩博37雷式（閃電）於1965年進入正規開發。

　　1號機即全天候攻擊型的AJ37，於1967年2月8日首飛。雷式是採用薩博公司所謂的雙三角翼布局的前翼機。引擎是附後燃器的渦輪風扇引擎，甚至還裝了舉世無雙的推力反向器，可利用補強部位在穿過森林地區延伸的高速公路上進行500m內的起降。這些都是為了以有限的國土各處作為機場來使用所不可或缺的設計。其著陸方式是憑藉著雙三角翼與堅固的起降裝置，如空母艦載機般正確掌握降落地點來完成平飄著陸，還可利用推力反向器縮短著陸距離，亦可使機體倒退。此外，垂直尾翼可以往機身左側折疊以便停在挖空岩盤的低天花板機庫中待機。這款靈活的雷式於1975年獲得提名，列入航空自衛隊下期主力戰鬥機F-X計畫（作為F-104J與F-4EJ之後繼機）中的候補機，但因為風格不符而遭F-15J打敗，未能加上日本的太陽旗。∎

格魯曼 F-14A 雄貓式(1974)

Grumman F-14A Tomcat

2017年1月號（Vol.113）刊載

很久以前，對身處戰爭之中的日本國民而言，格魯曼相當於美國海軍艦載機的代名詞。格魯曼公司可謂艦載機之名門，其艦上戰鬥機（F4F野貓式之後的機體）都有一個取自貓科動物的暱稱。格魯曼的最後一款活塞式戰鬥機為F8F熊貓式，第一款噴射戰鬥機是F9F黑豹式／美洲獅式（panther／cougar），而最早的艦載超音速戰鬥機則是F11F虎式，緊接在後的便是F-14雄貓式——世上唯一一款可變翼艦上戰鬥機，結合了脈衝都卜勒雷達的AWG-9火器管制裝置與AIM-54A長程鳳凰飛彈，有世界最強艦隊防空戰鬥機之稱。

擁有超長射程飛彈與可變式主翼的雄貓式堪稱無敵，卻因意想不到的伏兵而陷入苦戰——通貨膨脹導致開發費用高漲。開發之初的單位成本為390萬美元，未曾想格魯曼公司的營運狀況竟急轉直下。單位成本已提高至約2倍的

730萬美元，通貨膨脹卻無緩和跡象。拯救這款雄貓式於水火的是中東的大金主，也就是大發石油財而有意採購西方最新武器的客戶——伊朗的巴列維王朝。

這個伊朗帝國以總額20億美元採買多達80架雄貓式，簡直是盲目的瘋狂大採購。伊朗也因此獲得擁有如迷你空中預警機（AWACS）般的能力且兼具多用途性的防空用迎擊機。雙尾波斯貓就此誕生。

伊朗也藉此機以超過3馬赫的速度從2萬m以上的高空居高臨下地鎖定侵犯領空的MiG-25狐蝠式。1982年9月16日，伊朗空軍的雄貓式終於忍無可忍，像是怒吼著「你這個混帳喵！」般揮舞著波斯貓拳，以鳳凰飛彈完美地擊落伊拉克空軍的MiG-25RB偵察轟炸機。除此之外，雄貓式部隊在兩伊戰爭中也立下令人眼睛為之一亮的戰功。　■

Grumman F-14A Tomcat

▶此機為伊朗下訂的80架雄貓式中的第80架機體，訂單號碼為260378，在1979年的伊朗伊斯蘭革命混亂中被美國截留，後來雖歸還給伊朗，卻已錯失成為「波斯貓」的機會。此機因伊朗訂貨不取而處於懸而未決的狀態，短期由美軍暫管，保存於大衛斯蒙森基地作為後備機，1986年重新整備後，再次為美國海軍所用，目前以舊名回歸美國海軍服役。

◀格魯曼公司最後一款活塞式艦上戰鬥機F8F熊貓式開發於太平洋戰爭期間，是於1944年8月21日進行首飛的最強活塞式艦上戰鬥機。到了噴射時代的1950年代，美國海軍的部分F8F變得多餘，遂從1951年2月起依循互相防衛援助計畫而供應超過140架給正處於法越戰爭的法國。法國於1954年簽訂《日內瓦協定》後便從中南半島撤退。據說餘留下來的熊貓式被分配給新編制的南越空軍與泰國空軍，有129架化身為「暹羅貓」，直到1963年為止都為泰國空軍所用。

▶格魯曼公司的超音速戰鬥機F11F虎式提升馬力後所打造出的進階型即為F11F-1超級虎式。F11F-1的初期量產型中有兩架（138646與138647號機）經過改造。可惜未能如願獲得正式採用，後來這之中的1架138647號機接受了二度改造，改頭換面化身為G-98J-11，雖然獲提名為日本F-X計畫中的候補機並取得內定，卻轉化為政治問題。最終上演大逆轉，由洛克希德的F-104奪得F-X柴魚乾（因外型而取的綽號）的寶座。此即世人所說的「洛克希德與格魯曼事件」。努力不懈的超級虎式終究未能成為日本貓。

◀格魯曼F9F黑豹式是格魯曼公司第一款艦上噴射戰鬥機。韓戰停戰後的1957年底解除了供應戰機給阿根廷海軍的禁令，於是交付了24架該國很久以前就希望導入的黑豹式。阿根廷是美國海軍／海兵隊以外唯一使用F9F的國家，也是阿根廷海軍首次採用噴射機。此機的暱稱為panther（黑豹），是棲息於南北美洲的大型山貓「puma（美洲獅）」之別稱，其升級型為後掠翼的cougar（美洲獅），也是「puma」的別稱。這是早在童謠《小黑貓的探戈》掀起熱潮很久之前的事了。

Nob.

S100 閃電式(2004)

S100 Saeqeh
2017年5月號（Vol.115）刊載

超音速輕型戰鬥機F-5系列是諾斯洛普公司為了供應美國MAP（海外軍事援助計畫）所用而製造的，一共生產了2617架各種機型。繼命名為自由鬥士的初期A/B型之後又推出性能優化型E/F型，暱稱取為虎式Ⅱ，於1972年8月11日首飛。

這款虎式Ⅱ長久以來被視為F-5系列的最終進階型。然而32年後的2004年7月，伊朗國營電視所報導的F-5E改造進階型S100閃電式首飛成功的新聞顛覆了此定論。伊朗是最早因MAP而獲得美國供應F-5的國家，於1965年2月起接收了合計140架F-5A/B。後來伊朗又以豐厚的石油財自費添購一共48架F-5A/B與RF-5A。1972年又決定導入虎式Ⅱ，從1974年至1979年2月的革命前為止共下訂了140架F-5E與28架F-5F，已經全數移交完畢。

閃電式繼承了F-5的系統，基本機體形狀乍看之下和虎

式Ⅱ沒有兩樣。不過垂直安定板改成像諾斯洛普P530眼鏡蛇式（F/A-18大黃蜂式的母型）般向外側傾斜的雙垂直安定板型式。F-5設計案中從N-102尖牙式到虎式Ⅱ都未曾見過這種垂直尾翼的型式，應該可說是閃電式最大的特徵吧。

閃電式試製了3架並於2006年夏天參加伊朗空軍的演習，被視為已進入執行轟炸任務等實質服役的階段。當局似乎有意賦予閃電式轟炸能力以便作為對地攻擊機來進行配置。另一方面又計畫將機首雷達換裝成MiG-29的穩相加速器M091，量產型的機體形狀或許會和閃電式有所不同。順帶一提，以中正之名獲得授權生產的臺灣是唯一在美國以外製造F-5E的國家。 ■

S 1 0 0 Saeqeh

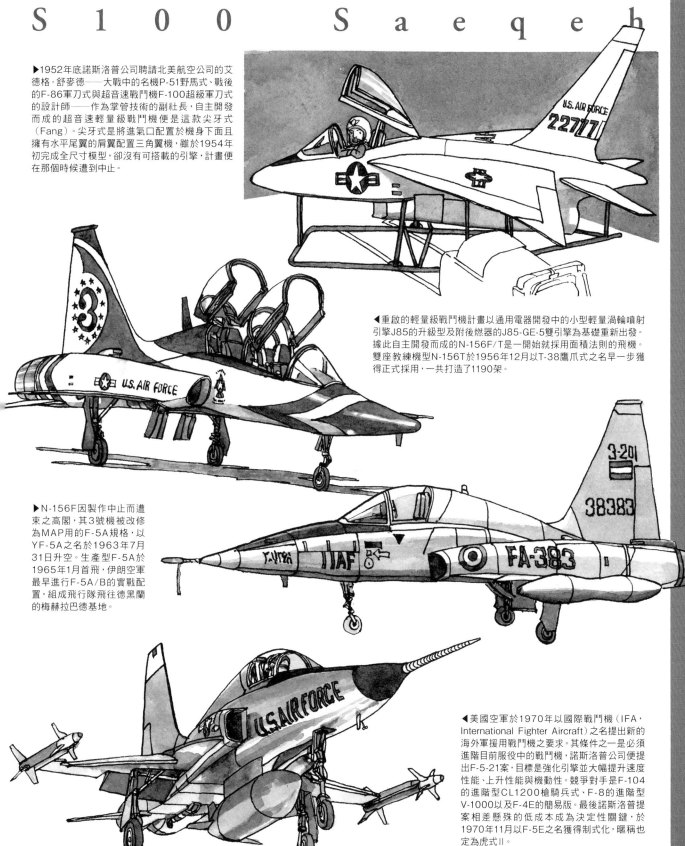

▶1952年底諾斯洛普公司聘請北美航空公司的艾德格‧舒麥德——大戰中的名機P-51野馬式、戰後的F-86軍刀式與超音速戰鬥機F-100超級軍刀式的設計師——作為掌管技術的副社長，自主開發而成的超音速輕量級戰鬥機便是這款尖牙式（Fang）。尖牙式是將進氣口配置於機身下面且擁有水平尾翼的肩翼配置三角翼機，雖於1954年初完成全尺寸模型，卻沒有可搭載的引擎，計畫便在那個時候遭到中止。

◀重啟的輕量級戰鬥機計畫以通用電器開發中的小型輕量渦輪噴射引擎J85的升級型及附後燃器的J85-GE-5雙引擎為基礎重新出發。據此自主開發而成的N-156F/T是一開始就採用面積法則的飛機。雙座教練機型N-156T於1956年12月以T-38鷹爪式之名早一步獲得正式採用，一共打造了1190架。

▶N-156F因製作中止而遭束之高閣，其3號機被改修為MAP用的F-5A規格，以YF-5A之名於1963年7月31日升空。生產型F-5A於1965年1月首飛，伊朗空軍最早進行F-5A/B的實戰配置，組成飛行隊飛往德黑蘭的梅赫拉巴德基地。

◀美國空軍於1970年以國際戰鬥機（IFA，International Fighter Aircraft）之名提出新的海外軍援用戰鬥機之要求。其條件之一是必須進階目前服役中的戰鬥機，諾斯洛普公司便提出F-5-21案，目標是強化引擎並大幅提升速度性能、上升性能與機動性。競爭對手是F-104的進階型CL1200槍騎兵式、F-8的進階型V-1000以及F-4E的簡易版。最後諾斯洛普提案相差懸殊的低成本成為決定性關鍵，於1970年11月以F-5E之名獲得制式化，暱稱也定為虎式II。

連頭頂上的敵機都大驚失色，「荻窪航空博物館」的夢想與大冒險。

Nob先生的作品多不勝數，其中彩色畫又以收錄於《Aero graphics002》（1991年4月）的「荻窪航空博物館」堪稱極致。

我在很久以前出於多種理由創刊了《Aero graphics》，老實說「希望能和Nob先生一起認真地工作一場」是很重要的一個因素。

畢竟那時我還年輕，根本是天不怕地不怕。一通電話預約並講好路線後，我就直接去拜訪了Nob先生位於荻窪的住家。當然這次是我們初次見面。走上公寓外面的階梯，2樓的最裡面就是Nob先生的秘密基地。（叮咚！）我按下玄關處的門鈴，門隨著一聲「請進」默默地開啟。站在門內的便是笑容滿面的Nob先生，和《航空Journalist》雜誌裡再熟悉不過的自畫像一模一樣。

「我現在想打造一本全彩的圖像航空雜誌，所以想麻煩您繪製彩色畫……」

我劈頭就說出來意。在這之前我不曾看過Nob先生的彩色作品。『喔～這樣啊。』Nob先生笑著回應。（沒問題！他好像有意願幫我畫！）「我是預計每一期要刊登8頁滿版啦……」我立即補充說道，結果得到連續幾聲『咦～～！』的驚嘆聲。（Nob先生很誇張地往後仰！果然、果然還是太強人所難嗎？）「你這麼做沒問題嗎？書賣得出去嗎？」Nob先生一本正經地面露憂色。「賣不出去也無所謂。我就是想看Nob先生的彩色畫，就是想看上了色的飛機！」我直視著Nob先生的眼睛表明我的真心話。Nob先生在那一瞬間仰天閉目，轉動著脖子發出喀喀聲。每期8頁全彩的結構對Nob先生來說也是人生最大的危機，不對，肯定是一場大冒險。緊張的沉默持續了30秒。Nob先生睜大雙眼，視線移向我，停頓片刻後笑著說：「我明白了！那就來畫畫看吧！」。「非常感謝您！」我真的喜不自勝。那天的事情我至今仍記憶猶新。美夢成真的那一瞬間也讓我確信「《Aero graphics》會是一本好書！肯定暢銷！」

不過這場大冒險經常勉強趕上截稿日，偶爾也會延遲，每期都好比一場超級冒險的特技飛行。Nob先生工作時是分配8成時間構思、2成左右的時間作畫，這準則在業界早已不是新聞了。每期都是8頁全彩的大冒險。輕快又縝密的故事發展配上不允許一絲妥協的完美場面構成，Nob先生毫不保留地投注其美感與畫功。才連載兩期就挑戰了『荻窪航空博物館』專欄，我猜他大概分配了超過9成的時間在事前準備作業上。真是令人敬畏的大師！

研擬下一期的企劃時，我下班後每晚都會拜訪Nob先生的秘密基地，兩人侃侃而談丟出各種點子直至夜深。我還記得一旁總是少不了夫人為我們泡的熱騰騰美味咖啡。

另一方面，Nob先生在單色畫方面的巔峰之作應該是刊載於《航空Journalist》（1974年7月～1988年7月）底頁的單格漫畫吧。

我想把那一系列的作品流傳於世，便企劃了名為《圖上的敵機》（1992年3月）的單行本。這只是以既有原稿彙集成冊而已，所以不會加重Nob先生的負擔，若創造我和Nob先生共有回憶的同時還能如此輕鬆熱銷的話就太幸運了，真是得來全不費工夫的企劃。按理說應該是這樣。萬萬沒料到Nob先生竟然苦笑著說：「原稿？早就不在啦！」我以為這下沒戲唱了，結果Nob先生卻沒頭沒腦地丟出一句：「我全部重畫吧！」我不安地告知「因為是出書所以會付版稅。但是不支付原稿的費用喔。」沒想到Nob先生卻說：「繪圖而已，小事一樁」，發出了繪製新作的宣言。而且還遊刃有餘地在截稿日前交稿。我再次深刻體認到，果然構思點子才是Nob先生作品的關鍵。又一次為大師甘拜下風！

Nob先生後來因杉並區公所接到好幾次「請問荻窪航空博物館在哪裡？」的詢問而被公所職

員訓了一頓……看到自己的簡介裡放了「荻窪航空博物館館長」的頭銜便開心不已……現在想想，和Nob先生一起度過的時光滿是這類愉快的回憶。

我們曾在西荻窪的秘密基地裡，針對《Aero graphics 002》的『荻窪航空博物館』專欄進行深夜洽談。突然懷念起那晚冷掉的微苦咖啡。那是距今26年前因泡沫經濟崩潰而不甚平靜的12月，剛好差不多就是現在這個時節的回憶。

（2018.12.14記）

当時的航空雜誌一律都是B5大小，此誌便是從變更為A4大小外加全彩來開啟這場「大冒險」。
1 AG001（刊於1990年12月的CBS／Sony出版品）
2 AG002（刊於1991年4月的CBS／Sony出版品）
3 AG003（刊於1991年7月SONY MAGAZINES）
4 AG004（刊於1991年10月SONY MAGAZINES）
5 《圖上的敵機》（刊於1992年3月的SONY MAGAZINES）。精裝書的規格含稅竟然只要980日圓！此書持續開出漂亮的銷售成績，可謂時代的文化遺產。
6 《圖上的敵機》的卷首圖畫，得到Nob先生的簽名，是我家的重要文化財。

佐野総一郎

●1956年出生。東京都出身。2016年2月服役期滿（36年）後從市谷刑務所出獄（退休）。任職期間企劃製作了《藍天的視覺／德永克彥寫真集》、《飛揚的色彩／小池繁夫畫冊》、《Aero graphics／季刊》等，只會打造奇奇怪怪的書（？）是名隨心所欲的專業編輯。

『不列顛戰役』出自《Aero graphics001》、Nob先生的『荻窪航空博物館』刊於《Aero graphics002》、Nob先生的『人仰馬翻的航空史』刊於《Aero graphics003》、Nob先生的『一下冷一下熱!?還想再去一次!?影像製作的現場秘辛』則是刊載於《Aero graphics004》的作品。

THE BATTLE OF BRITAIN

50th Anniversary

英國於1940年夏天面臨有史以來最大的國家存亡危機，傾盡全力對抗後獲勝，以這則故事作為16週年的紀錄。

圖=下田信夫　　　文=田村俊夫
Illustration by NOBUO SHIMODA　Text by TOSHIO TAMURA

「不列顛戰役」

↩1940年6月，挪威、波蘭、丹麥、荷蘭、比利時、盧森堡與法國一共七國在短短不到10個月內就被德軍空陸聯手的閃電戰征服，連英國的歐陸遠征軍也遭追擊而撤離敦克爾克，西歐大陸就此落入納粹德國手中。

●容克斯Ju87俯衝轟炸機
俯衝並以炸彈命中目標，是閃電戰中的大明星。

❶征服法國後，大獲全勝的希特勒開始亂封元帥，從陸軍提拔9名、從空軍提拔3名將軍升為元帥。還為原為空軍元帥的赫爾曼·戈林創設了一個置於所有元帥之上的「大德意志帝國大元帥」，更頒授了鐵十字大勳章。

●德國空軍1940年7月20日時
　對英出動的戰力：2133架
　單座戰鬥機 725架
　雙座戰鬥機 200架
　轟炸機 864架
　俯衝轟炸機 248架
　長程偵察機 96架
　保留的架數為2883架

❸多尼爾Do17

❶容克斯Ju87

❷德國空軍的司令官、身材肥胖的戈林元帥在德國是繼希特勒之後的第二號人物，納粹政權上臺後便獲命掌管空軍。在第一次大戰中是戰鬥機飛行員，但作為近代空戰的指揮官卻是不適任的。

●當時德國空軍的主裝備機種
戰鬥機：梅塞施密特Bf109、
　　　　Bf110

轟炸機：亨克爾He111、多尼爾
　　　　Do17、容克斯Ju88、俯衝轟炸
　　　　機容克斯Ju87

【序幕：英國下定決心展開孤高的抗戰】
　　納粹德國於1939年9月1日入侵波蘭，揭開了第二次大戰的序幕。然而在不到10個月的時間內，從北方的挪威到法國的西歐諸國全遭征服，連英國的遠征軍也搭棄裝備，僅士兵從歐陸撤退，還陷入獨自在西歐對抗德國的窘境。德國期望英國順應維持和平的現況，但英國下定決心奮戰到底。「即使歐洲大部分地區和許多古老而聞名的國家已經淪陷，或是即將落入蓋世太保及可恨的納粹黨手中，我們也不能舉白旗投降，更不能灰心喪志。無論要付出什麼樣的犧牲，我們都必須保衛這座島嶼……。」、「倘若我們被擊敗了，屆時包括美國在內的整個世界，我們所知道並關心的一切都將

⬆德哈維蘭‧虎蛾式
連教練機都抱著8顆9kg的炸彈，
做好準備隨時襲擊入侵的德軍。

⬆為了防備德軍入侵，英國採取
了各式各樣的對策。於道路上設
置塊狀路障並於原野裡豎立樑柱
或放置鋼圈，用以妨礙滑翔運兵
機著陸、傘兵降落或是戰車行
進。

⬇飛機的增產刻不容緩，創設於
1940年5月的航空機生產省為了
因應此事態而在比弗布魯克公爵
的強勢指導之下優先生產精選機
種，並呼籲市民提供鋁製鍋具、
爐灶或庭園柵欄等廢棄金屬。

⬆還可看到這樣的景象：入夜後
便將廢棄車輛並排停於機場上，
企圖妨礙敵方的空降部隊，到了
早上清空後再為己方所用。此
外，拆除路標與地名標示牌，不
留任何交通指示，小型要塞則設
於重點區域。

⬇擔綱英國本土防空的空軍戰鬥機軍團
1940年7月1日出動的戰力：595架
霍克‧颶風式……302架
超級馬林‧噴火式……199架
布里斯托‧布倫亨式……69架
普頓保羅‧無畏式雙座戰鬥機……25架

⬇重要都市與港口等處皆有小型防空
氣球分散於空至各種高度，預防敵方
轟炸機低空侵入或用來阻止俯衝轟炸
機，負責高度1,500m以下的防空。
這種裝置是當飛機纏上金屬纜線時，
纜線會自動切斷，其兩端的降落傘隨
即打開，絆住飛機行進。

⬆於英國全境的空軍基地與飛機工廠附
近打造了木頭與布組成的偽裝基地與工
廠。還有虛有其表的假飛機並排於外
側，刻意提供攻擊目標給德國空軍，藉
此預防真正的重要地遭轟炸。夜裡則會點
亮偽造的跑道來引誘敵軍攻擊。

⬇英國空軍的弱點在於飛行員。自開戰
以來不斷損耗，到了1940年7月9日只
剩1347人，相對於制定人數的1456人
不足109人。因此不僅接收來自海軍的
2支戰鬥機隊等58名補充人員，同時也
試圖啟用來自歐陸的流亡飛行員。

⬇地面防空作業以高射炮為主，分別各
配置以4門為1組、可射達8,000m處的
4.5英吋與3.7英吋炮彈或舊式的3英吋
炮彈。部署於倫敦與泰晤士河口等處，
不過妨礙轟炸比擊落敵機的效果還要
好。

因為遭濫用的科學而陷入更加邪惡的新暗黑時代深淵之中。正因
如此，各位應該當仁不讓地承擔起我們的義務並有所作為，好讓
大英帝國與其聯邦在延續千年之後，人們回想起仍會說出：『當
時是帝國最光輝的時刻』。」新上任的首相邱吉爾發表了這番演
說，激起英國高昂的士氣。隨後英國利用1940年6月法國投降

直到德國空軍展開攻擊前的這段期間，修復在歐陸敗戰的損傷並
加強防備，立即補強戰鬥機隊的裝備與人員，這一個月的緩衝期
實在彌足珍貴。

⊙德國空軍為了殲滅英國空軍而於北方的挪威與丹麥配置了314架、荷蘭至法國之間則部署了2569架飛機,策畫從南北方夾擊英國本土。英國戰鬥機軍團對此所採取的準備是依區域劃分出各別負責的防空範圍來迎擊。

梅塞施密特Bf109E
德國空軍主力戰鬥機

⚡英國空軍的秘密武器是世上第一套已實用化、以雷達為主軸的戰鬥機管制系統,而德國空軍對此一無所知。女子輔助空軍隊員在管制盤上操作旗子標示出來自各地的情報,管制官則在高處口頭對戰鬥機隊發出指示。

❶英國為了探測自1935年起來襲的敵軍而推動建設面向歐陸的雷達網,開戰時探測距離為193km的雷達已覆蓋英國本土約一半的範圍。然而其精度與管制技術的掌握度都還有些不成熟。

❶德國空軍的強項在於自1936年的西班牙內戰中累積的實戰經驗,比方說,在戰鬥機編隊的組合方式上技高一籌。也有不少王牌飛行員,講究排場的加蘭德當時就已經是擊落17機的王牌了。

❶有「飛天鉛筆」之稱、擅長低空攻擊的道尼爾Do17。

⊙首戰的勝利為戈林及其麾下的整體德國空軍壯大了信心,空軍情報部對英國空軍戰力的評價也不高。
編隊抱持著「我們今日已掌控德國,明日也將掌控全世界」的想法出擊。

【征服英國的關鍵:掌握制空權】

　　由於英國不願屈服,希特勒最終開始推行侵略英國的海獅作戰計畫,然而要執行登陸作戰的條件是德國空軍必須壓制英國空軍以取得制空權。空軍司令官戈林信心滿滿地認為,應該可以在4天內瓦解英國南方的戰鬥機防禦陣容,2～4週即可徹底殲滅英國空軍。德國空軍首先派部隊沿著英吉利海峽展開作戰,先以小戰力試探英國空軍,隨即於8月晴空萬里之際傾盡全空軍之力展開名為鷹擊(Adlerangriff)的攻擊行動,打算要一決勝負。「不列顛戰役」就此展開。

❶在空戰方面，德國最引以為傲的便是源自海上驅逐艦而取名為驅逐機的**梅塞施密特Bf110雙座戰鬥機**，但該機竟無法與英國的單座戰鬥機交鋒，令戈林大失所望。原本是護航轟炸機時必不可少的長程戰鬥機，反而淪落到需要單引擎戰鬥機護衛的窘境。

❷英國的雷達可捕捉到來自海岸線外側的敵機動向，而補捉內陸區的動向則主要是觀測隊員的任務。以2人1組配置於全英國各地，無論天氣好壞都要待在戶外，通報敵機的方向、高度、數量與機種。

❸在雷達實用化之前是靠聲音來探測飛機的存在。而聽音器則是作為機械上的輔助。其中最大型的是名為裸鏡的60m混凝土製品，於1935年進行測試。

❹英國南方機場的防衛則是採取奇招：將附降落傘的金屬纜線發射至從低空侵入的敵機前方，一旦敵機纏上以降落傘支撐的金屬纜線，纜線下方的第二個降落傘便會開啟，絆住敵機的行動。實際上真的有敵機受困。

❺迎擊的英國這方所面臨的問題是戰鬥機隊的運用單位與迎擊的時機。在敵機來襲時間較短的主戰場上是分別派出一支支飛行隊儘早迎擊，目標是在遭轟炸之前擊落敵機。其鄰近戰區則主張採用匯集多支戰鬥機隊一起出擊來提高擊墜數，現今評斷前者的作法才是正確的。

❻在地區情報中心裡仍會將觀測隊員所通報的情報標示在管制盤上，從該處上報給戰鬥機軍團。這些觀測隊員都是志願服役者，以兼職的方式完成這項重要任務。1941年4月獲得英國國王許可，在隊名加上皇家二字，功績獲得認可。

❼為了英國本土防空而於1936年創設英國戰鬥機軍團，置於道丁上將的指揮之下。他雖然被取了「Stuffy（呆板的人）」的綽號，但在軍團裡仍頗具聲望；雖然帶領軍隊獲勝，卻在此戰不久後的1940年11月被迫退役，備受冷落。

【不列顛戰役開打】

　　在英國的官方戰史中，「不列顛戰役」是指7月10日展開並持續至10月31日的這場戰役。關於這個期間仍存有異議，不過自法國投降後德國間隔了1個月才對英國開戰這點是事實。

　　戰役是先從阻攔德國空軍沿著英吉利海峽的英國沿岸航行的作戰展開，不過英國這方在出擊上有所保留，力圖保存戰力。德國空軍從12日開始破壞雷達站並攻擊戰鬥機基地，15日終於傾盡全部兵力進行攻擊，據統計德國空軍的出擊數為2119架，英國空軍則是974架，然而德國的北方攻擊路線因護航戰鬥機能力不足而損失慘重，後來便停止從這個方向進攻。

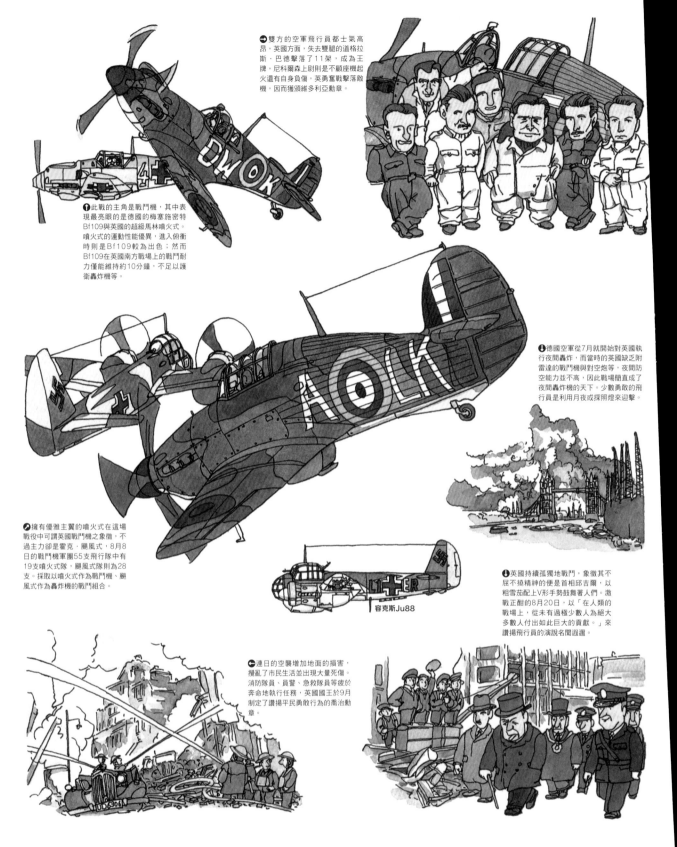

➡️雙方的空軍飛行員都士氣高昂，英國方面，失去雙腿的道格拉斯．巴德擊落了11架，成為王牌，尼科爾森上尉則是不顧座機起火還有自身負傷，英勇奮戰擊落敵機，因而獲頒維多利亞勳章。

❶此戰的主角是戰鬥機，其中表現最亮眼的是德國的梅塞施密特Bf109與英國的超級馬林噴火式。噴火式的運動性能優異，進入俯衝時則是Bf109較為出色；然而Bf109在英國南方戰場上的戰鬥耐力僅能維持約10分鐘，不足以護衛轟炸機等。

❷擁有優雅主翼的噴火式在這場戰役中可謂英國戰鬥機之象徵，不過主力卻是霍克．颶風式，8月8日的戰鬥機軍團55支飛行隊中有19支噴火式隊，颶風式隊則為28支。採取以噴火式作為戰鬥機、颶風式作為轟炸機的戰鬥組合。

➡️德國空軍從7月就開始對英國執行夜間轟炸，而當時的英國缺乏附雷達的戰鬥機與對空炮等，夜間防空能力並不高，因此戰場間直成了夜間轟炸機的天下。少數勇敢的飛行員是利用月夜或探照燈來迎擊。

➡️英國持續孤獨地戰鬥，象徵其不屈不撓精神的便是首相邱吉爾，以粗雪茄配上V形手勢鼓舞著人們。激戰正酣的8月20日，以「在人類的戰場上，從未有過極少數人為絕大多數人付出如此巨大的貢獻。」來讚揚飛行員的演說名聞遐邇。

容克斯Ju88

➡️連日的空襲增加地面的損害，擾亂了市民生活並出現大量死傷。消防隊員、員警、急救隊員等疲於奔命地執行任務，英國國王於9月制定了讚揚平民勇敢行為的喬治勳章。

【空中激戰不斷】

　　德國空軍從8月12日起13、15、16、18日連續攻擊英國的空軍基地，與前來攔截的英國戰鬥機軍團持續激戰。德國空軍15日至18日損失了194機，尤以轟炸機的損失為多。在首戰大顯神威的容克斯Ju87因為低速而損失慘重，因而從第一線撤了下來，而戈林認定這些都是因為戰鬥機的護衛方式不佳，令其改為自己的作派，還指責戰鬥機隊欠缺積極性等。接著又於24日再次展開攻擊並持續至9月6日，僅8月27日停火。結果英國戰鬥機軍團在2週內就流失了231人的戰力，以總人數不到1000人的戰力來看，這是相當致命性的損失。

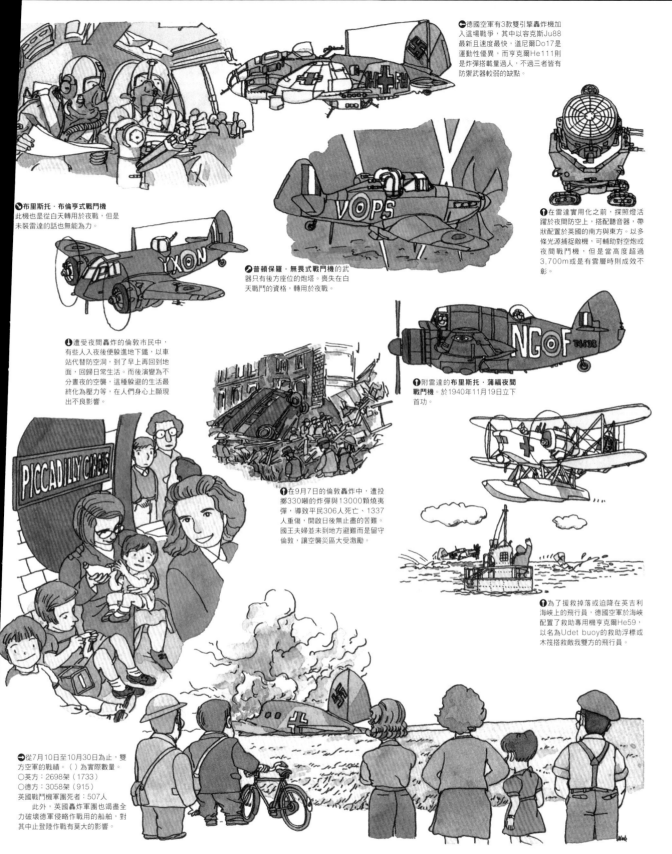

🠗德國空軍有3款雙引擎轟炸機加入這場戰爭，其中以容克斯Ju88最新且速度最快，道尼爾Do17是運動性優異，而亨克爾He111則是炸彈搭載量過人，不過三者皆有防禦武器較弱的缺點。

🠗布里斯托·布倫亨式戰鬥機
此機也是從白天轉用於夜戰，但是未裝雷達的話也無能為力。

🠗在雷達實用化之前，探照燈活躍於夜間防空上，搭配聽音器，帶狀配置於英國的南方與東方。以多條光源捕捉敵機，可輔助對空炮或夜間戰鬥機，但是當高度超過3,700m或是有雲層時則成效不彰。

🠗普頓保羅·無畏式戰鬥機的武器只有後方座位的炮塔。喪失在白天戰鬥的資格，轉用於夜戰。

🠗遭受夜間轟炸的倫敦市民中，有些人入夜後便躲進地下鐵，以車站代替防空洞，到了早上再回到地面，回歸日常生活。而後演變為不分晝夜的空襲，這種躲避的生活最終化為壓力等，在人們身心上顯現出不良影響。

🠗附雷達的布里斯托·蒲福夜間戰鬥機。於1940年11月19日立下首功。

🠗在9月7日的倫敦轟炸中，遭投擲330噸的炸彈與13000顆燒夷彈，導致平民306人死亡、1337人重傷，開啟日後無止盡的苦難。國王夫婦並未到地方避難而是留守倫敦，讓空襲災區大受激勵。

🠗為了援救掉落或迫降在英吉利海峽上的飛行員，德國空軍於海峽配置了救助專用機亨克爾He59，以名為Udet buoy的救助浮標或木筏搭載救敵我雙方的飛行員。

🠗從7月10日至10月30日為止，雙方空軍的戰績。（ ）為實際數量。
〇英方：2698架（1733）
〇德方：3058架（915）
英國戰鬥機軍團死者：507人
　　此外，英國轟炸軍團也竭盡全力破壞德軍侵略作戰用的船舶，對其中止登陸作戰有莫大的影響。

【德國空軍變更攻擊目標：使命未達】
　　然而，德國空軍於9月7日將攻擊目標從英國空軍基地轉到英國首都倫敦，主要進行夜間轟炸。這樣一來，損害不斷加劇的基地與設施躲過了攻擊，讓英國戰鬥機軍團有了喘息之機，後於9月15日白天的倫敦攻擊中擊落了185架敵機（實際上約60架），立下赫赫戰績，彰顯英國戰鬥機隊依然健在。德國空軍難以承受轟炸機的損失，自10月起白天主要由戰鬥機搭載炸彈從高空攻擊，夜晚才以轟炸機攻擊，但因為無法取得制空權，希特勒遂於10月12日正式發出無限期推延登陸作戰的指令。於是，「不列顛戰役」最終由英國這方險勝，英國從德國侵略中解脫。

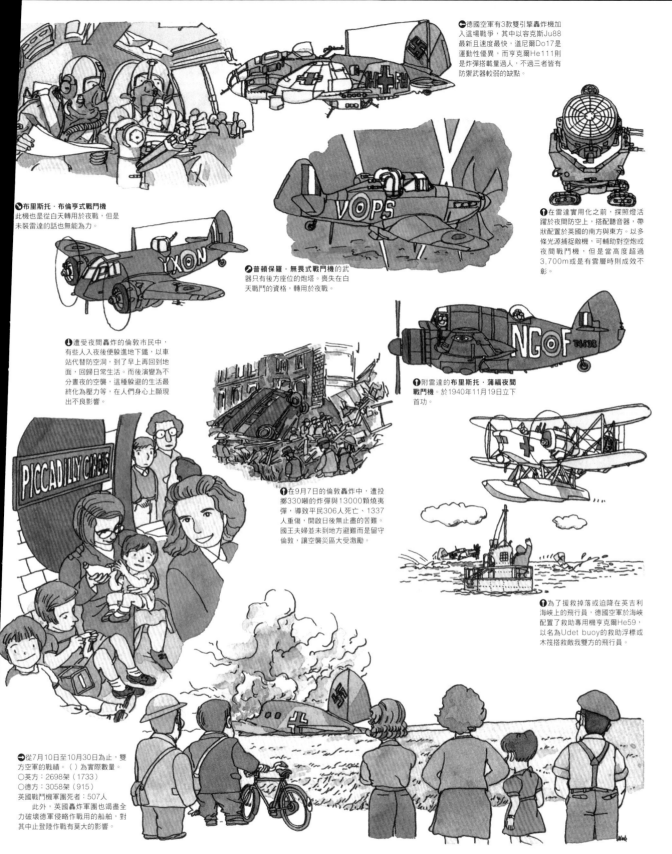

【我的工作室】　圖＝下田信夫

德永克彥先生送的美國海軍藍天使特技飛行隊的無框照片

手島尚先生送的倫敦紀念品。
山田進先生送的英國紀念品。
這是尼斯湖水怪。

前藍色衝擊波飛行表演隊飛行員河村和真先生的手工玻璃畫

餅乾怪獸存錢筒

青木謙知先生送的北京紀念品。是以竹子編成的鴨子

與中村浩美女士共同製作，紅色男爵締造世界速度紀錄的紀念牌，限定499份

幻燈片投影機

薄酒萊新酒的空盒（裝有未整理的幻燈片）

工具箱

塑膠模型

鴿子鐘

手提行李箱裝有歸還回來的原稿圖

黃銅製的聖路易精神號

滑軌式書架（架上裝的都是資料）

N航模型

英國鳥類瓷繪盤

阿波羅瓷繪盤（皇家哥本哈根手繪名瓷）

《レプリカ (replica)》封面的原稿圖手提行李箱（裝畫紙）

Jane's Yearbook

鐵製頭盔（現在變成垃圾桶）

塑膠模型（長谷川公司製）不列顛戰役的主角Bf109E與噴火式Mk.1

粉紅色保險櫃（在新宿的丸井購入）

大、小相機包約拿與鯨魚存錢筒

渦輪盤

防衛大學校帽的小模型

色鉛筆的圖案構成米蘭市區電車的路線圖。（中村浩美女士送的聖誕禮物）

海獅飾品

防大生的青銅像，防衛大學第23屆校慶時，航空防衛學展示關係的學生們送的禮物

鼓……其實是冰桶

畢卡索花瓶

魚造型玩具

用來把KV-107-II的旋翼固定在桅杆上的螺帽。

玻璃紙鎮2個這三件是中村浩美女士送的美國紀念品。

裡面有袋子、包包。

日本首度公開大家熟悉的Nob先生不為人知的創作空間。那些可愛的各式飛機就是陸陸續續從這個駕駛艙誕生的⋯⋯請看！

AG001第56頁的後續

AG的工作完成囉。

突然好清閒！要不要來組裝模型呢？我之前買了整套全機種的世紀系列……。還是要去柏青哥雪恥一下好呢……？

不知為何我家有台個人電腦。

奇怪了，我是什麼時候買的啊？

你說要玩遊戲，所以到友都八喜買的，你忘啦？

這款遊戲很拖泥帶水，沒想到蠻無聊的。讓我來設計的話一定更有趣。

天馬行空無科學依據的漫畫

Nob先生的「荻窪航空博物館」

圖·文=下田信夫

結果等我回過神來時，我已經開始編寫射擊遊戲的程式了。為什麼我家會有一台搭載32位元微處理器的電腦呢？

我請假沒上學。

『Nob樂園』遊戲軟體出爐！一推出就立刻造成轟動，當日售完！

排隊！
排隊！
排200公尺或300公尺都沒什麼好大驚小怪！

豐厚版稅入袋!!居然能拿到這麼多，要買什麼好呢？

金銀首飾目錄

0000万円

有了。為我的飛機零件蒐藏增添一整架飛機吧。

轉動、轉動、

契努克的安全帶
契努克的雨刷
渦輪盤
比奇B-65的整流罩

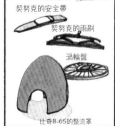

您好，這裡是航空自衛隊。T-34A導師教練機還有庫存。

結果我就下訂了。機號當然是訂『422』囉。這架算是資料費，不知道能不能適用青色申告裡的必要經費這項喔？

少癡人說夢了！

T-34A導師教練機422號機是我第一次也是最後一次體驗特技飛行的機體。這是一次十分愉快的體驗，於是我立刻開始編寫『Nob樂園Ⅱ』的程式。

愛芙羅火神式

馬基MC72

S.6B

新明和US-1救難飛行艇
我也想要一式大艇，現在正在跟
一間位於海濱的博物館洽談中。

這架活塞式水上飛機馬基MC72是世界速度紀錄保持機，是我從米蘭的達文西科技
博物館買來的。於妙正寺公園重現史奈德杯大賽。

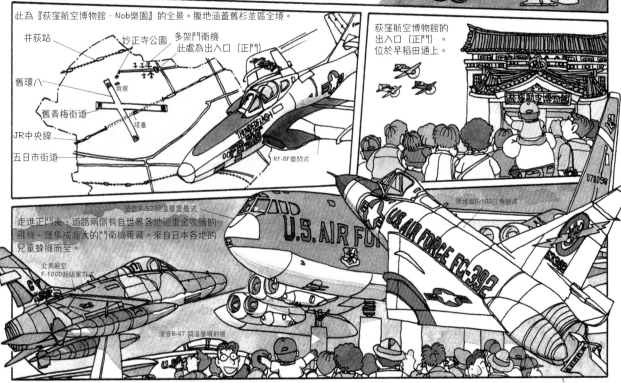

此為『荻窪航空博物館‧Nob樂園』的全景。腹地涵蓋舊杉並區全境。

井荻站
妙正寺公園
多架門衛機
此處為出入口（正門）

舊環八
我家

舊青梅街道
塔臺

JR中央線

五日市街道

RF-8F雷閃式

荻窪航空博物館的
出入口（正門）。
位於早稻田通上。

康維爾F-102三角劍式

波音B-52同溫層堡壘式

走進正門後，道路兩側有自世界各地砸重金收購的
飛機，匯集成龐大的門衛機蒐藏。來自日本各地的
兒童蜂擁而至。

北美航空
F-100D超級軍刀式

U.S. AIR FO

U.S. AIR FORCE FC-392

波音B-47 同溫層噴射機

TOWN SEVEN
屋頂上的塔臺

喜屋HOBBY
（模型店）
只允許陳列
我喜歡的模型，
撤除鋼彈的產品。

每天都能在會場上欣賞模擬空戰。

ド
バ
バ

今天推出的是……
由穴吹智中士的
隼I型迎擊B-24

瞧這盛況，
再這樣下去連
迪士尼都要
門可羅雀囉。

Nob先生的「荻窪航空博物館」

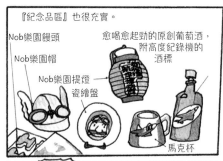

『紀念品區』也很充實。

Nob樂園饅頭

Nob樂園帽

Nob樂園提燈

瓷繪盤

愈喝愈起勁的原創葡萄酒，
附高度紀錄機的
酒標

馬克杯

主打商品為48/48的駕駛艙塑膠模型組，
搭配『Nob樂園Ⅱ』即可玩射擊遊戲。
從第一次大戰的飛機、現役飛機到
星際大戰的X翼戰機
應有盡有。
「你能成為
王牌飛行員嗎？」

目標是
內華達號級
戰艦！

11點鐘方向
發現敵機!!

前進方向
已清空

中彈了！
即將墜落。

『荻窪航空博物館・Nob樂園』的模擬區
這也是賣點之一。

差一點就能
用魚雷擊中了說……

360度的多螢幕

97式艦上攻擊機
可3人一組來體驗

根本沒預料到會有寇
蒂斯P-40來迎擊呀。

97艦攻的模擬戰分為3級
初級版……迎擊機較少的珍珠港攻擊
中級版……中途島海戰
高級版……於沖繩海上展開對美國機動部隊的攻擊
（特攻攻擊是違規的）

湊齊10人的話，推薦挑戰
B-17F的『孟菲斯美女號』航線。

兩點鐘方向
有2架福克機。

也有敵機
從8點鐘
方向接近！

若連續出擊25次都能平安歸來的話……。

呃……那個……
這個槍托該怎麼
移動啊。

快點
擊落它！

左方
有2架
接近了。

包在我身上。

返回本國後
即贈送1年期的
免費護照
給全部機員。

免費護照

出口專用

掰掰，
下次見囉。

一旦遭擊落，
3天內不得進入
『荻窪航空博物
館・Nob樂園』
敬請見諒……。

道奇汽車3/4t 4×4
WC54 救護車

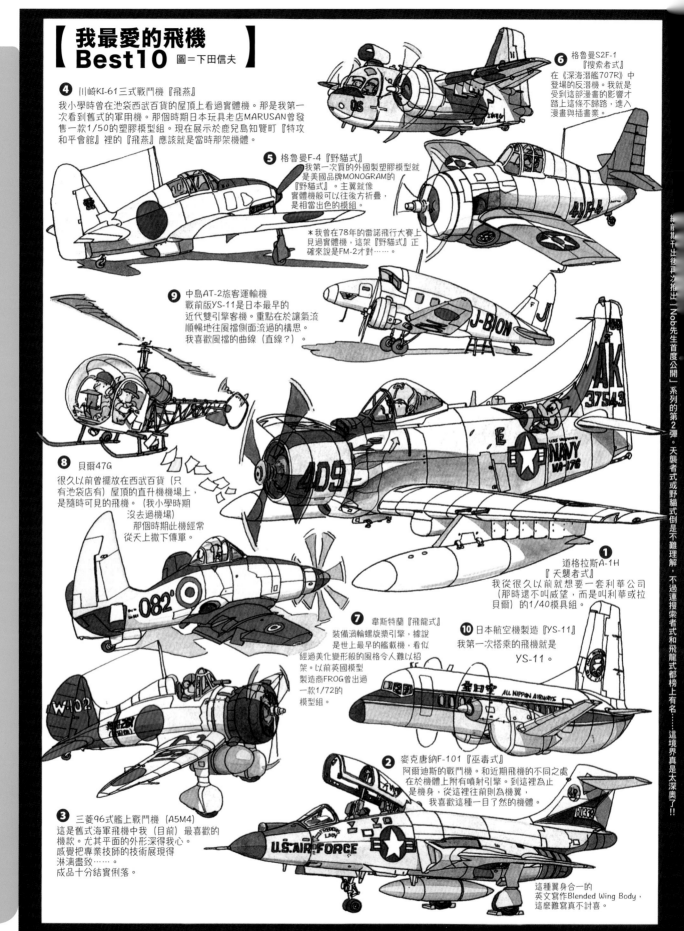

【 我最愛的飛機 Best10 】圖＝下田信夫

4 川崎KI-61三式戰鬥機『飛燕』
我小學時曾在池袋西武百貨的屋頂上看過實體機。那是我第一次看到舊式的軍用機。那個時期日本玩具老店MARUSAN曾發售一款1/50的塑膠模型組。現在展示於鹿兒島知覽町『特攻和平會館』裡的『飛燕』應該就是當時那架機體。

5 格魯曼F-4『野貓式』
我第一次買的外國製塑膠模型就是美國品牌MONOGRAM的『野貓式』。主翼就像實體機般可以往後方折疊，是相當出色的模組。

＊我曾在78年的雷諾飛行大賽上見過實體機，這架『野貓式』正確來說是FM-2才對……。

6 格魯曼S2F-1『搜索者式』
在《深海潛艦707R》中登場的反潛機。我就是受到這部漫畫的影響才一路走上這條不歸路，進入漫畫與插畫業。

9 中島AT-2旅客運輸機
戰前版YS-11是日本最早的近代雙引擎客機。重點在於讓氣流順暢地往風擋側面流過的構思。我喜歡風擋的曲線（直線？）。

8 貝爾47G
很久以前曾擺放在西武百貨（只有池袋店有）屋頂的直升機場上，是隨時可見的飛機。（我小學時期沒去過機場）
那個時期此機經常從天上撒下傳單。

1 道格拉斯A-1H『天襲者式』
我從很久以前就想要一套利華公司（那時還不叫威望，而是叫利華或拉貝爾）的1/40模具組。

7 韋斯特蘭『飛龍式』
裝備渦輪螺旋槳引擎，據說是世上最早的艦載機，看似經過美化變形般的風格令人難以招架。以前英國模型製造商FROG曾出過一款1/72的模型組。

10 日本航空機製造『YS-11』
我第一次搭乘的飛機就是YS-11。

3 三菱96式艦上戰鬥機（A5M4）
這是舊式海軍飛機中我（目前）最喜歡的機款。尤其平面的外形深得我心。感覺把專業技師的技術展現得淋漓盡致……。
成品十分結實俐落。

2 麥克唐納F-101『巫毒式』
阿爾迪斯的戰鬥機。和近期飛機的不同之處在於機體上附有噴射引擎。到這裡為止是機身，從這裡往前則為機翼，我喜歡這種一目了然的機體。

這種翼身合一的英文寫作Blended Wing Body，這麼難寫真不討喜。

繼青梅之後再次推出「Nob先生首度公開」系列的第2彈。天襲者式或野貓式倒是不難理解，不過連搜索者式和飛龍式都榜上有名……這境界真是太深奧了!!

Nob先生的「荻窪航空博物館」

1915年春天，法國空軍利用固定於莫蘭‧索尼耶L型或N型的機身上且可穿過螺旋槳旋轉面進行發射的霍奇克斯機槍立下戰功。

怎麼回事？為什麼他的螺旋槳不會被自己射出的子彈打斷？

羅蘭‧加洛斯
莫蘭‧索尼耶N型

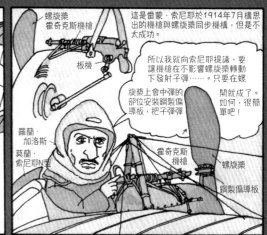

螺旋槳
霍奇克斯機槍
板機

這是雷蒙‧索尼耶於1914年7月構思出的機槍與螺旋槳同步機構，但是不太成功。

所以我就向索尼耶提議，要讓機槍在不影響螺旋槳轉動下發射子彈⋯⋯只要在螺旋槳上會中彈的部位安裝鋼製偏導板，把子彈彈開就成了。如何，很簡單吧！

霍奇克斯機槍
螺旋槳
鋼製偏導板

Nob先生的「人仰馬翻的航空史」知識淵博的航空科學漫畫

圖=荻窪航空博物館館長‧下田信夫 *Illustration by NOBUO SHIMODA* 考證=該館資料編輯室顧問‧田村俊夫 *Text by TOSHIO TAMURA*

內容純屬虛構，與一切真實人物與團體名稱等毫無關係。

是加洛斯!!那架飛機的螺旋槳和機槍似乎暗藏玄機。

然而加洛斯的座機不幸被對空炮火擊中引擎。

加洛斯於4月16日（也可能是18日）出擊，至比利時西部的克特雷城市進行轟炸。

看來必須迫降了⋯⋯

打中了！打中了！

我一定要逮住那架飛機!!

加洛斯迫降在德軍占領的區域，放火燒了自己的座機後才逃跑，但是機體卻未燃燒殆盡⋯⋯

安東尼‧福克先生您看看，這個螺旋槳上有加裝金屬片耶。

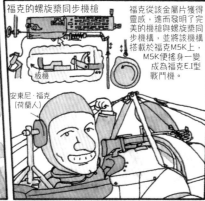

福克的螺旋槳同步機槍

板機

安東尼‧福克（荷蘭人）

福克從該金屬片獲得靈感，進而發明了完美的機槍與螺旋槳同步機構，並將該機構搭載於福克M5K上，M5K便搖身一變成為福克E.I型戰鬥機。

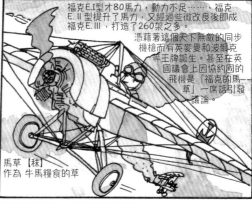

福克E.I型才80馬力，動力不足⋯⋯。福克E.II型提升了馬力，又經過些微改良後即成福克E.III，打造了260架之多。

憑藉著這個天下無敵的同步機構而有英麥曼和波爾克等王牌誕生。甚至在英國議會上因協約國的飛機是「福克的馬一草」一席話引發議論。

馬草【秣】
作為 牛馬糧食的草

F.E.2b

其實協約國的軍機也是費盡心思。

推進式戰鬥機是依機首、機槍、槍手、飛行員、引擎、螺旋槳的順序布局。
若牽引式戰鬥機也依此順序配置，螺旋槳就不會干擾到射擊。因而將機槍與槍手都移至螺旋槳的前方。

MA JEANNE

斯帕德A-2（1916年）

B.E.9（1915年8月）

移至螺旋槳後方的是B.E.2b?

在福克E.IV型上裝配3挺機槍的機型變得過於笨重，

導致動作不夠靈活，根本無法緊追著「馬草」。

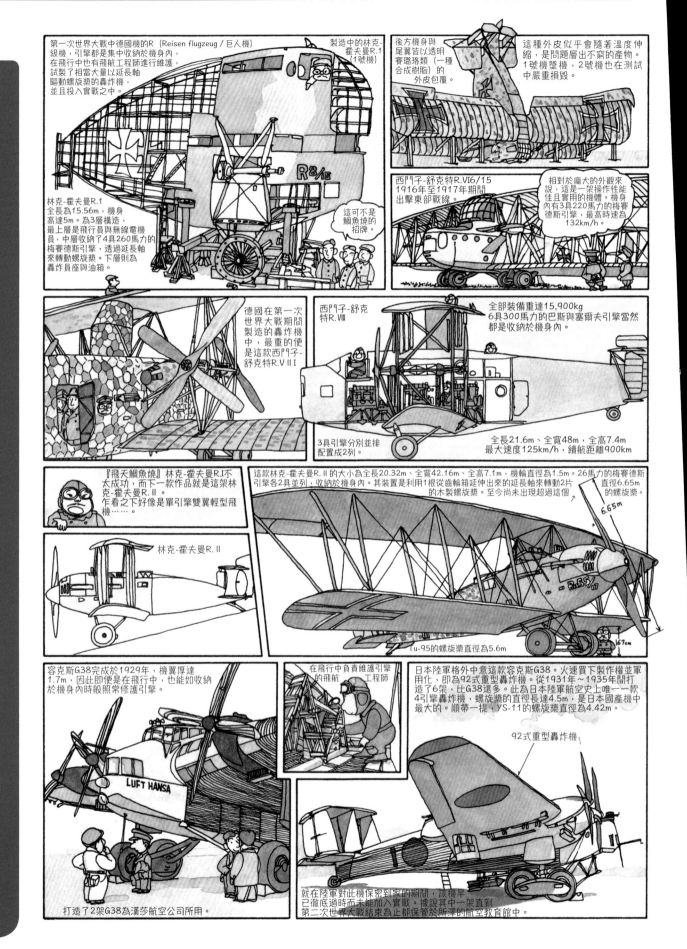

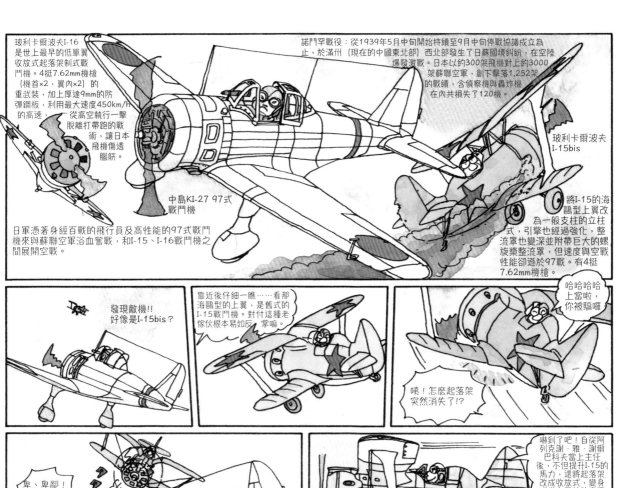

玻利卡爾波夫I-16是世上最早的低單翼收放式起落架制式戰鬥機。4挺7.62mm機槍（機首×2，翼內×2）的重武裝，加上厚達9mm的防彈鋼板，利用最大速度450km/h的高速，從高空執行一擊脫離打帶跑的戰術，讓日本飛機傷透腦筋。

中島KI-27 97式戰鬥機

日軍憑著身經百戰的飛行員及高性能的97式戰鬥機來與蘇聯空軍浴血奮戰，和I-15、I-16戰鬥機之間展開空戰。

諾門罕戰役：從1939年5月中旬開始持續至9月中旬停戰協議成立為止，於滿州（現在的中國東北部）西北部發生了日蘇國境糾紛，在空陸爆發激戰。日本以約300架飛機對上約3000架蘇聯空軍，創下擊落1,252架的戰績，含偵察機與轟炸機在內共損失了120機。

玻利卡爾波夫I-15bis

將I-15的海鷗型上翼改為一般支柱的立柱式，引擎也經過強化，整流罩也變深並附帶巨大的螺旋槳整流罩，但速度與空戰性能卻遜於97戰。有4挺7.62mm機槍

發現敵機!!好像是I-15bis？

靠近後仔細一瞧……看那海鷗型的上翼，是舊式的I-15戰鬥機。對付這種老傢伙根本易如反掌嘛。

哈哈哈哈上當啦，你被騙囉

咦！怎麼起落架突然消失了!?

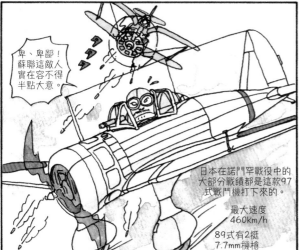

卑、卑鄙！蘇聯這敵人實在容不得半點大意。

日本在諾門罕戰役中的大部分戰績都是這款97式戰鬥機打下來的。

最大速度460km/h

89式有2挺7.7mm機槍

最大速度430km/h，4挺7.62mm機槍

嚇到了吧！自從阿列克謝·雅·謝爾巴科夫當上主任後，不但提升I-15的馬力，還將起落架改成收放式，變身成世上最快的實用雙翼戰鬥機I-153『海鷗式』囉。

我們V.V.尼基京和V.舒夫琴高的想法更了不起呢。沿用I-153的機身……

最大速度為460km/h，上翼則採用I-15那樣的鷗形翼效果較佳。

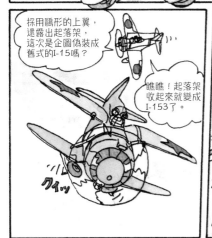

採用鷗形的上翼，還露出起落架，這次是企圖偽裝成舊式的I-15嗎？

瞧瞧！起落架收起來就變成I-153了。

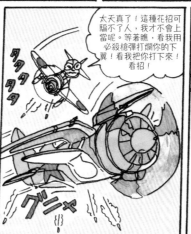

太天真了！這種花招可騙不了人，我才不會上當呢。等著瞧，看我用必殺槍彈打爛你的上翼！看我把你打下來！看招！

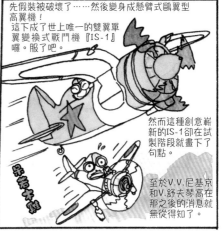

先假裝被破壞了……然後變身成懸臂式鷗翼型高翼機！這下成了世上唯一的雙翼單翼變換式戰鬥機『IS-1』囉。服了吧。

然而這種創意嶄新的IS-1卻在試製階段就畫下了句點。

至於V.V.尼基京和V.舒夫琴高在那之後的消息就無從得知了。

Nob先生的「人仰馬翻的航空史」

說到面積法則，就屬採用此法而撿回一命的F-102較為著名。不過最早從設計階段就導入面積法則的其實是格魯曼F11F虎式。F11F虎式為美洲獅系列的F9F-5的升級型，亦即世上第一款超音速艦上戰鬥機F9F-9，於1953年4月接到試製的訂單。

F9F-5
美洲獅式

虎式1號試製機
1號機沒有武裝，於1954年7月19日

1號機在公司內部的測試中不幸墜機。

完成，30日首飛成功。有一說認為當時就已經超越音速，不過該機是搭載無後燃器的J65引擎，所以似乎未能突破1馬赫。

1954年10月首飛的2號機於1955年1月換裝成附後燃器的J65引擎，在水平飛行中寫下1.12馬赫的紀錄。

如此一來便成為名符其實的世界第一款超音速艦上戰鬥機。

虎式於1955年4月從F9F-9改稱為F11F-1。

1956年9月21日，格魯曼公司的測試飛行員湯姆‧阿特里奇駕駛的高空著初期量產型F11F-1（機身編號138620），飛至13000ft處時速達22000ft時速達625kt時，以20度角小角度俯衝。開啟後燃器，以4門20mm機炮發射了4秒鐘。

機體飛至7000ft的高空且時速達670kt時，遭到一陣突如其來的衝擊，導致引擎停止了運作！

1ft=0.3048m；1kt=1.852km/h

最後不幸

墜機了

在引擎壓縮機上造成20mm的炮彈痕跡。

座艙罩前方玻璃上的傷痕。同樣位在機首處的空中加油管上的傷痕。這是一場由飛得比子彈還要快的虎式所引起的事故，堪稱空前絕後，連超人都要目瞪口呆。這個時期製作了由喬治‧里弗斯主演的電視連續劇《超人》並於ABC播出（1953年～1957年）

看來事故是這樣發生的。

20mm砲彈的彈道

虎式的航行軌跡

格魯曼公司在自家公司裡將初期型的F11F-1.2改修成J79搭載型，雖然以超音速全天候戰鬥機F11F-1F超級虎式之名出售給美國海軍，但以失敗收場。
於是將F11F-1F的2號機更換引擎後兜售給日本
卻又因為鬧得沸沸揚揚的『洛克希德與格魯曼事件』而敗給洛克希德F-104。

『超級虎式』

從1957年7月起成為美國海軍藍天使特技飛行隊的使用機，一直使用至1968年11月。

此外，G.C.沃特金斯少校於1958年4月17日駕駛著F11F-1締造高76,939ft（約22.451m）的世界高度紀錄。虎式大大挽回了名譽。

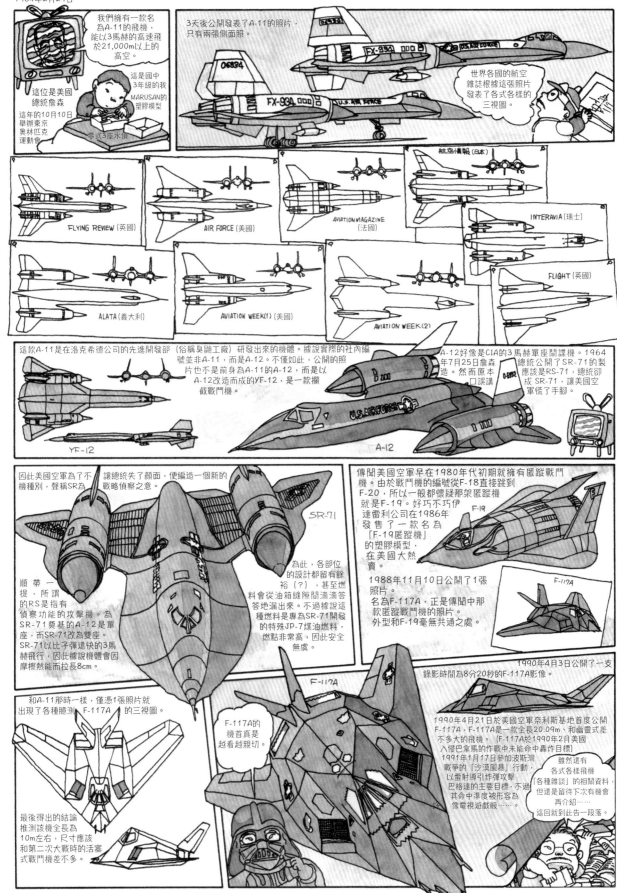

【特別附錄・史上最稀奇的謎樣飛機大圖鑑】
令人瞠目結舌的奇怪飛機　圖＝下田信夫

☆赫里克HV-2A可變式旋翼機（美國，1936年）

機翼乍看之下很像雙翼機的上翼，在起飛時會解除固定狀態，可如自轉旋翼機般自由轉動，在巡航飛行時則可鎖住固定，化身為雙翼機。據說試飛是成功的……。

☆福特串聯翼機（美國，1927年）
全金屬製的雙引擎水陸兩用飛行艇。設計師威廉・斯托特即為「錫鵝」福特三引擎機的設計師。

☆福克V8（德國，1917年）
福克的多翼戰鬥機中有一款3翼的Dr.1，為其多翼戰鬥機系列中最後一架試製機，只飛行過一次。
據說安東尼・福克會親自駕駛自己製作的機體。這唯一的一次飛行搞不好就是福克駕駛的。

☆雷爾・杜布瓦H.D.10（法國，1948年）
雷爾工程師主張採用極高展弦比的主翼與用以支撐的升力支　柱具備許多優點，為了證實其　論點而製作了此機。
由於　試飛成效絕佳，法國政府便批准了實用型的開發案。
實用型即這款H.D.32雙引擎運輸機全寬45m。

☆西爾瓦W.11天馬式（英國，1948年）
這款直升機僅憑1具1620馬力的勞斯萊斯・梅林24引擎來轉動3片直徑15.24m的旋翼。

☆韋斯特蘭／希爾・翼龍
無尾翼機研究者希爾教授為英國空軍試製的無尾翼雙座戰鬥機。
Pterodactyl好像是指翼手龍，我覺得是很直白的命名。

☆STOL颶風式（英國，1941年）
裝配了長程飛行用的大型特設外掛燃料箱，這是為了設法讓過重的機體能從狹小機場起飛而提出的點子。為了增加升力而多裝了1片上翼。上翼在起飛後就丟棄，不會重複使用。

☆飛行車式（加拿大，1955年）
這款是在美國陸軍與空軍的後援下，由加拿大愛芙羅公司開發出來的圓盤狀翼地效應機。為求平衡（？）而將駕駛座設計為並排式。似乎是危險性極高的產物，實驗在1961年之前遭中止。

改造萊桑德式的機身後方，搭載博爾頓・保羅式動力槍座。至於此機的目的……原本是打算用來培訓重型轟炸機的槍手，但只試製了1架。

☆串聯翼式 韋斯特蘭・萊桑德式（英國，1941年）

☆卡普羅尼・思提帕式（義大利，1932年）
據說是為了測試文氏管型機身的特性為何而試製的。

光是搭乘就是件苦差事。是一款很需要一個空橋設備的飛機。

以前的人很常製造這類玩意兒呢。欣賞或是描繪是挺愉快的，但我絕對不想搭乘，畢竟是這種鬼玩意兒……對吧！！

Nob先生的「人們夢想的航空異圖」

09

實錄

Nob先生的
「一下冷一下熱!?還想再去一次!?
全日空影片『BLUE ON BLUE』
影像製作的現場秘辛」親身體驗航空漫畫

圖＝荻窪航空博物館館長・下田信夫 *Illustration by NOBUO SHIMODA*

我是佐野，
9月1日要不要一起去
Ik索尼音樂娛樂預計發售的
《全日空的世界
（BLUE ON BLUE
系列）》的外景
拍攝地看看？
（請您走一趟！）

內容純屬虛構，與一切真實人物與團體名稱等毫無關係。

2月的某一天，我們約好早上7點30分在羽田機場集合。往回推算一下，我必須一早5點30分就從家裡出發。嚴冬的這個時間點外面一片漆黑，超冷的。
我們要去的外景地是要拍攝全日空剛購買的空中巴士A320。
A320是全日空首次導入的「法國製」客機。
（3月20日的東京-山形航線為其首航。）
攝影工作人員中有一位似乎是外國人，應該是空巴巴士公司的相關人員吧？

【A320】 166個座位，為6列配置，只有最後一排是4個座位。機體內部的寬度為3.7m，比同樣是6列配置的波音737還要寬0.45m。
座椅是法國西格瑪公司的產品，1.57m寬的3個座位為一組。

據說寬敞度是世上第一〔？〕。
此外，中央座椅比其他座椅寬約0.056m，可謂關懷備至的設計。

化粧室裡也有相當貼心的設計。
馬桶座的後方有個彈起式的桌板，可在這裡換嬰兒的尿布。在右主翼上面有個不知什麼用途的黃色金屬器。

想必也是什麼「別具用意的金屬器」吧……。

『艙頂置物櫃』，簡而言之就是位於座位上方的行李櫃。這在定期客機中也是最寬敞的，每人約有0.06m³的空間。
從須爬上空附近開始進入雲中飛行，從客艙窗戶向外拍攝的作業要先暫停，直到飛至雲下為止。

攝影師
西野先生

演員
瀧澤先生

VE的藤波先生

全日空的機長
鈴木先生
（飛行時間為
9,700小時）

製作人寺田先生
（就是被我草率誤判為空中巴士人員的人）
顧問是大家熟知的攝影師青木先生

從山形出發山形機場航稀落落，明明有新銳飛機要來，卻沒有看到半個貌似觀測員的人影。

飛往高知。瞭展望台甲板上的人影也稀疏。

有名巡警在定點熱情地拍攝着A320的推進景象。是飛機愛好者嗎？還是觀測員之類的……。

駕駛艙內的拍攝相當辛苦。A320的駕駛系統是採用線傳飛控。像F-16那樣，透過座位側邊發送電力訊號的小搖桿來進行操控。測量儀錶板的下方則是由抽屜式的兩折桌所組成。

只要拉出這個桌板，就能攤開地圖，或是悠哉地吃個便當。

為了拍攝飛行員的表情，必須一邊看顯示螢幕一邊用絕緣膠帶將超小型CCD（影像感測器）相機固定於駕駛艙的窗玻璃上。不過不知道是受到窗玻璃上那層防水防霧導電膜的影響，還是因為CCD相機太重的緣故，相機一直滑動，很難固定在同一個位置。

抵達高知機場

前起落架與主起落架都是雙輪式，採用的是子午線輪胎。

大家分工合作將VTR機材都搬下機。當然我和佐野先生也有幫忙。要特別注意的是乍看之下好像小巧輕盈的鋁箱，裡面裝的是VTR相機的電池，這個真是重得要命……。

鎖定A320的起飛時刻。

我拍的照片因為逆光而成了剪影照。

3月的某一天・新千歲機場（2天1夜）天啊～-10℃「冷翻天!!」

這條雜木林中的小路是通往新千歲機場的跑道末端。前方有輛因為雪而動彈不得的白色轎車被丟在一旁，所以我們也無法再往前行進。從這裡開始必須徒步前往。

千歲機場

航空自衛隊千歲基地

新千歲機場

受困地點

一腳陷入雪地中

我們寸步難行地走在雪地之中，穿過雜木林後，廣闊草原展於眼前。
我們又舉步維艱地走過那片草原，在雪地間行軍般地朝跑道末端前進。
室外氣溫當然低於冰點，是負10℃。

好冷！『命之水』威士忌埋在雪中冰鎮過了。還有2瓶滋布洛卡伏特加和1瓶百家得金蘭姆酒，至於啤酒……因為會利尿，在這種環境下建議不喝為妙。

佐野先生

全副武裝

The north face的迪帕羽絨外套

PENDLETON的羊毛帽

雷朋的太陽眼鏡（15年前購入）

The north face的手套

PENDLETON的羊毛褲

ROOTS的地球鞋（15年前購入）

跑道末端的進場燈光系統已為我們開路。

JAL的DC-10

JAL的B747
我們此行是要拍攝ANA的機體，所以VTR目前是暫停的。

這一帶有好多鳥鴉……。日本童謠《滿天晚霞》裡特別強調，當太陽下山而鳥鴉開始啼叫時要趕緊回家。
成吉思汗烤肉和啤酒在等著我們。
要不大夥兒乾脆一起去一趟札幌吧？
拍到美好畫面的日子♪心情格外美好。
想來杯生啤酒～～。

西野先生

淵潔先生

我

寺田先生

藤波先生

青木先生

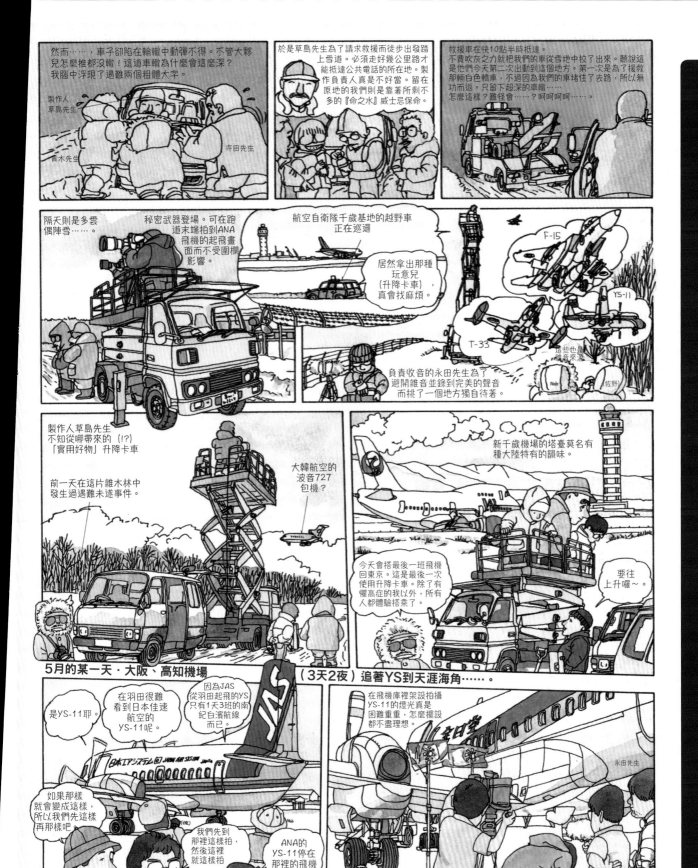

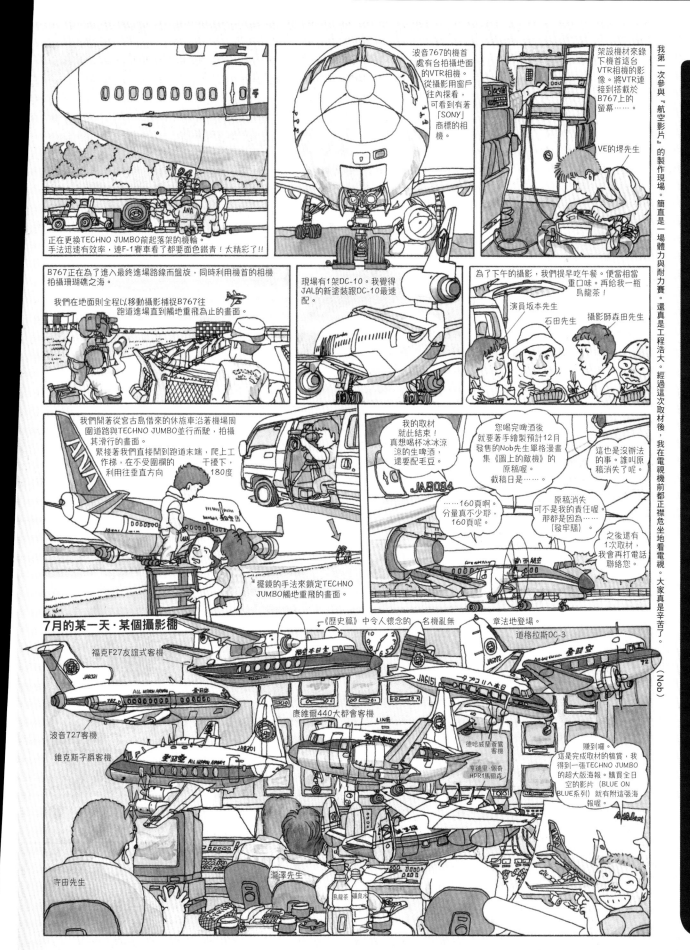

飛機縮尺插畫圖鑑

噴射式引擎篇

【日文版工作人員】
編輯　SCALE AVIATION 編輯部
協助　佐野總一郎
設計　海老原剛志

2019年11月1日初版第一刷發行
2022年 8 月1日初版第二刷發行

作　　　者　下田信夫
譯　　　者　童小芳
責 任 編 輯　吳元晴
發 行 人　南部裕
發 行 所　台灣東販股份有限公司
　　　　　　＜地址＞台北市南京東路4段130號2F-1
　　　　　　＜電話＞(02)2577-8878
　　　　　　＜傳真＞(02)2577-8896
　　　　　　＜網址＞http://www.tohan.com.tw
郵 撥 帳 號　1405049-4
法 律 顧 問　蕭雄淋律師
總 經 銷　聯合發行股份有限公司
　　　　　　＜電話＞(02)2917-8022

購買本書者，如遇缺頁或裝訂錯誤，
請寄回更換（海外地區除外）。
Printed in Taiwan.

NOB SAN NO KOKUSHUKUSHAKU
ILLUSTRATION GRAFFITI JET HEN
©NOBUO SHIMODA 2019
Originally published in Japan in 2019 by
DAINIPPON KAIGA CO.,LTD.
Chinese translation rights arranged through
TOHAN CORPORATION, TOKYO.

國家圖書館出版品預行編目資料

飛機縮尺插畫圖鑑　噴射式引擎篇 /下田信夫著；
　童小芳譯 -- 初版 -- 臺北市：臺灣東販，
　2019.11
　96面； 21×25.7公分
　ISBN 978-986-511-150-2 (平裝)

1.軍機

598.6　　　　　　　　　108016188

▲下田先生這張30幾歲的照片應該是在國外或者美軍駐紮地拍攝的。
他這個時期的穿著有種從其畫風很難想像的距離感，也因為跟作品有反
差而顯得可愛。